国家出版基金资助项目

现代数学中的著名定理纵横谈丛书

丛书主编　王梓坤

STEINER PROBLEM

–TRIANGLES WITH EQUAL BISECTORS:MACHINE PROOF PROBLEM OF ELEMENTARY GEOMETRY

Steiner 问题
——分角线相等的三角形：初等几何机器证明问题

吴文俊　著

哈尔滨工业大学出版社
HARBIN INSTITUTE OF TECHNOLOGY PRESS

内 容 简 介

本书通过一个古老问题:内角或外角分角线相等的三角形是否等腰的研究,初步介绍了利用电子计算机证明初等几何命题的一些概况,可作为电子计算机在逻辑证明方面应用的启蒙读物.

本书可供中学师生、大学师生及数学爱好者参考阅读.

图书在版编目(CIP)数据

Steiner 问题:分角线相等的三角形:初等几何机器证明问题/吴文俊著. ——哈尔滨:哈尔滨工业大学出版社,2020.11

(现代数学中的著名定理纵横谈丛书)

ISBN 978-7-5603-9041-3

Ⅰ.①S… Ⅱ.①吴… Ⅲ.①平面三角 Ⅳ.①O124.1

中国版本图书馆 CIP 数据核字(2020)第 160488 号

策划编辑	刘培杰 张永芹	
责任编辑	张永芹 李 烨	
封面设计	孙茵艾	
出版发行	哈尔滨工业大学出版社	
社　址	哈尔滨市南岗区复华四道街 10 号　邮编 150006	
传　真	0451-86414749	
网　址	http://hitpress.hit.edu.cn	
印　刷	黑龙江艺德印刷有限责任公司	
开　本	787mm×960mm　1/16　印张 5.5　字数 58 千字	
版　次	2020 年 11 月第 1 版　2020 年 11 月第 1 次印刷	
书　号	ISBN 978-7-5603-9041-3	
定　价	48.00 元	

(如因印装质量问题影响阅读,我社负责调换)

读书的乐趣

你最喜爱什么——书籍.

你经常去哪里——书店.

你最大的乐趣是什么——读书.

这是友人提出的问题和我的回答. 真的,我这一辈子算是和书籍,特别是好书结下了不解之缘. 有人说,读书要费那么大的劲,又发不了财,读它做什么? 我却至今不悔,不仅不悔,反而情趣越来越浓. 想当年,我也曾爱打球,也曾爱下棋,对操琴也有兴趣,还登台伴奏过. 但后来却都一一断交,"终身不复鼓琴". 那原因便是怕花费时间,玩物丧志,误了我的大事——求学. 这当然过激了一些. 剩下来唯有读书一事,自幼至今,无日少废,谓之书痴也可,谓之书橱也可,管它呢,人各有志,不可相强. 我的一生大志,便是教书,而当教师,不多读书是不行的.

读好书是一种乐趣,一种情操;一种向全世界古往今来的伟人和名人求

1

教的方法,一种和他们展开讨论的方式;一封出席各种活动、体验各种生活、结识各种人物的邀请信;一张迈进科学官殿和未知世界的入场券;一股改造自己、丰富自己的强大力量.书籍是全人类有史以来共同创造的财富,是永不枯竭的智慧的源泉.失意时读书,可以使人重整旗鼓;得意时读书,可以使人头脑清醒;疑难时读书,可以得到解答或启示;年轻人读书,可明奋进之道;年老人读书,能知健神之理.浩浩乎!洋洋乎!如临大海,或波涛汹涌,或清风微拂,取之不尽,用之不竭.吾于读书,无疑义矣,三日不读,则头脑麻木,心摇摇无主.

潜能需要激发

我和书籍结缘,开始于一次非常偶然的机会.大概是八九岁吧,家里穷得揭不开锅,我每天从早到晚都要去田园里帮工.一天,偶然从旧木柜阴湿的角落里,找到一本蜡光纸的小书,自然很破了.屋内光线暗淡,又是黄昏时分,只好拿到大门外去看.封面已经脱落,扉页上写的是《薛仁贵征东》.管它呢,且往下看.第一回的标题已忘记,只是那首开卷诗不知为什么至今仍记忆犹新:

日出遥遥一点红,飘飘四海影无踪.

三岁孩童千两价,保主跨海去征东.

第一句指山东,二、三两句分别点出薛仁贵(雪、人贵).那时识字很少,半看半猜,居然引起了我极大的兴趣,同时也教我认识了许多生字.这是我有生以来独立看的第一本书.尝到甜头以后,我便千方百计去找书,向小朋友借,到亲友家找,居然断断续续看了《薛丁山征西》《彭公案》《二度梅》等,樊梨花便成了我心中的女英雄.我真入迷了.从此,放牛也罢,车水也罢,我总要带一本书,还练出了边走田间小路边读书的本领,读得津津有味,不知人间别有他事.

当我们安静下来回想往事时,往往会发现一些偶然的小事却影响了自己的一生.如果不是找到那本《薛仁贵征东》,我的好学心也许激发不起来.我这一生,也许会走另一条路.人的潜能,好比一座汽油库,星星之火,可以使它雷声隆隆、光照天地;但若少了这粒火星,它便会成为一潭死水,永归沉寂.

抄,总抄得起

好不容易上了中学,做完功课还有点时间,便常光顾图书馆.好书借了实在舍不得还,但买不到也买不起,便下决心动手抄书.抄,总抄得起.我抄过林语堂写的《高级英文法》,抄过英文的《英文典大全》,还抄过《孙子兵法》,这本书实在爱得狠了,竟一口气抄了两份.人们虽知抄书之苦,未知抄书之益,抄完毫末俱见,一览无余,胜读十遍.

始于精于一,返于精于博

关于康有为的教学法,他的弟子梁启超说:"康先生之教,专标专精、涉猎二条,无专精则不能成,无涉猎则不能通也."可见康有为强烈要求学生把专精和广博(即"涉猎")相结合.

在先后次序上,我认为要从精于一开始.首先应集中精力学好专业,并在专业的科研中做出成绩,然后逐步扩大领域,力求多方面的精.年轻时,我曾精读杜布(J. L. Doob)的《随机过程论》,哈尔莫斯(P. R. Hal-mos)的《测度论》等世界数学名著,使我终身受益.简言之,即"始于精于一,返于精于博".正如中国革命一样,必须先有一块根据地,站稳后再开创几块,最后连成一片.

丰富我文采,澡雪我精神

辛苦了一周,人相当疲劳了,每到星期六,我便到旧书店走走,这已成为生活中的一部分,多年如此.一次,偶然看到一套《纲鉴易知录》,编者之一便是选编《古文观止》的吴楚材.这部书提纲挈领地讲中国历史,上自盘古氏,直到明末,记事简明,文字古雅,又富于故事性,便把这部书从头到尾读了一遍.从此启发了我读史书的兴趣.

我爱读中国的古典小说,例如《三国演义》和《东周列国志》.我常对人说,这两部书简直是世界上政治阴谋诡计大全.即以近年来极时髦的人质问题(伊朗人质、劫机人质等),这些书中早就有了,秦始皇的父亲便是受害者,堪称"人质之父".

《庄子》超尘绝俗,不屑于名利.其中"秋水""解牛"诸篇,诚绝唱也.《论语》束身严谨,勇于面世,"己所不欲,勿施于人",有长者之风.司马迁的《报任少卿书》,读之我心两伤,既伤少卿,又伤司马;我不知道少卿是否收到这封信,希望有人做点研究.我也爱读鲁迅的杂文,果戈理、梅里美的小说.我非常敬重文天祥、秋瑾的人品,常记他们的诗句:"人生自古谁无死,留取丹心照汗青""休言女子非英物,夜夜龙泉壁上鸣".唐诗、宋词、《西厢记》《牡丹亭》,丰富我文采,澡雪我精神,其中精粹,实是人间神品.

读了邓拓的《燕山夜话》,既叹服其广博,也使我动了写《科学发现纵横谈》的心.不料这本小册子竟给我招来了上千封鼓励信.以后人们便写出了许许多多的"纵横谈".

从学生时代起,我就喜读方法论方面的论著.我想,做什么事情都要讲究方法,追求效率、效果和效益,方法好能事半而功倍.我很留心一些著名科学家、文学家写的心得体会和经验.我曾惊讶为什么巴尔扎克在51年短短的一生中能写出上百本书,并从他的传记中去寻找答案.文史哲和科学的海洋无边无际,先哲们的明智之光沐浴着人们的心灵,我衷心感谢他们的恩惠.

读书的另一面

以上我谈了读书的好处,现在要回过头来说说事情的另一面.

读书要选择.世上有各种各样的书:有的不值一看,有的只值看20分钟,有的可看5年,有的可保存一辈子,有的将永远不朽.即使是不朽的超级名著,由于我们的精力与时间有限,也必须加以选择.决不要看坏书,对一般书,要学会速读.

读书要多思考.应该想想,作者说得对吗? 完全吗? 适合今天的情况吗? 从书本中迅速获得效果的好办法是有的放矢地读书,带着问题去读,或偏重某一方面去读.这时我们的思维处于主动寻找的地位,就像猎人追找猎物一样主动,很快就能找到答案,或者发现书中的问题.

有的书浏览即止,有的要读出声来,有的要心头记住,有的要笔头记录.对重要的专业书或名著,要勤做笔记,"不动笔墨不读书".动脑加动手,手脑并用,既可加深理解,又可避忘备查,特别是自己的灵感,更要及时抓住.清代章学诚在《文史通义》中说:"札记之功必不可少,如不札记,则无穷妙绪如雨珠落大海矣."

许多大事业、大作品,都是长期积累和短期突击相结合的产物.涓涓不息,将成江河;无此涓涓,何来江河?

爱好读书是许多伟人的共同特性,不仅学者专家如此,一些大政治家、大军事家也如此.曹操、康熙、拿破仑、毛泽东都是手不释卷,嗜书如命的人.他们的巨大成就与毕生刻苦自学密切相关.

王梓坤

目录

一个古老问题:两条内分角线相等的三角形是等腰三角形

第 1 章

初中课本里有一道题目:

求证:等腰三角形两个底角的内分角线①相等.

这是初中生都会解决的简单问题.

但是,这个命题的逆命题:两条内分角线相等的三角形是等腰三角形,看起来十分简单,却并不是容易证明的.如果不信,请你自己试一试.

这是一个古老问题.

从古至今,有很多人用了很多方法证

---

① 三角形一个角的内分角线是指这个内角的平分线从顶点到与对边的交点间的线段;外分角线是指外角的平分线从顶点到与对边的交点间的线段.如图的 $\triangle ABC$ 中,BD 是一条内分角线,BE 是一条外分角线.

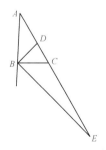

明这个逆命题,但都不是轻而易举的.下面举出其中比较简单的几种证法.

1. 利用反证法

已知:在 $\triangle ABC$ 中,内分角线 BD 和 CE 相等.求证:$AB = AC$(图 1).

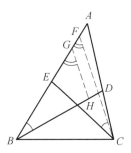

图 1

证明:假定 $AB \neq AC$,且设 $AB > AC$. 则 $\angle ACB > \angle ABC$. 因而 $\frac{1}{2}\angle ACB > \frac{1}{2}\angle ABC$,即 $\angle ACE > \angle ABD$.

在 $\angle ACE$ 内,作 $\angle ECF = \angle DBA$. 因为 $\angle ECB > \angle DBC$(分别等于 $\frac{1}{2}\angle ACB$ 和 $\frac{1}{2}\angle ABC$),所以仍有 $\angle FCB > \angle FBC$. 故得 $BF > CF$.

在 BF 上取点 G,使 $BG = CF$.再作 $GH \parallel FC$,与 BD 交于点 H.

那么在 $\triangle BGH$ 和 $\triangle CFE$ 中,$\angle GBH = \angle FCE$,$BG = CF$,$\angle BGH = \angle CFE$,因此 $\triangle BGH \cong \triangle CFE$,故得 $BH = CE$.

这和 $BD = CE$ 相矛盾.

因此不可能有 $AB > AC$.

同样,如果假定 $AB < AC$,那么也会产生矛盾,因

2

此也不可能有 $AB < AC$.

这样就证明了 $AB = AC$.

2. 利用直接证法

已知:在 $\triangle ABC$ 中,内分角线 BD 和 CE 相等. 求证:$AB = AC$.

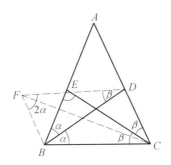

图 2

证明:令 $\angle ABC = 2\alpha$,$\angle ACB = 2\beta$.

作 DF 使 $\angle BDF = \beta$,作 BF 使 $\angle DBF = \angle CEB$,如图 2. 设 DF 与 BF 交于点 F. 则在 $\triangle DBF$ 和 $\triangle CEB$ 中,$\angle BDF = \angle ECB$,$\angle DBF = \angle CEB$,且 $BD = EC$,故 $\triangle DBF \cong \triangle CEB$,因此

$$\angle BFD = \angle EBC = 2\alpha, BF = EB, BC = DF$$
$$\angle FBC = \angle FBD + \alpha = \angle BEC + \alpha =$$
$$180° - (2\alpha + \beta) + \alpha =$$
$$180° - (\alpha + \beta)$$
$$\angle CDF = \angle CDB + \beta = 180° - (\alpha + 2\beta) + \beta =$$
$$180° - (\alpha + \beta)$$

并且 $2\alpha + 2\beta < 180°$,所以 $\alpha + \beta < 90°$,因此 $\angle FBC = \angle CDF > 90°$. 又因为 $BC = DF$,$FC = CF$,所以 $\triangle BCF \cong \triangle DFC$(若两个三角形有两边及其中一边的对角分别相等,且这个对角为钝角,则两个三角形全等). 因此 $BF = DC$.

又因为 $BF = EB$，所以 $DC = EB$. 又由 $DB = EC$，$BC = CB$，因此 $\triangle DBC \cong \triangle ECB$.

所以 $\angle DCB = \angle EBC$，因此 $AB = AC$.

3. 代数证法

已知：在 $\triangle ABC$ 中，内分角线 BD 和 CE 相等. 求证：$AB = AC$.

证明：设 $BC，CA，AB$ 的长分别为 $a，b，c$，则由内分角线的长的公式，并根据 $BD = CE$，可得

$$\frac{2}{a+c}\sqrt{acs(s-b)} = \frac{2}{a+b}\sqrt{abs(s-c)} \qquad (1)$$

其中 $s = \frac{1}{2}(a+b+c)$.

由式(1)可得

$$(a+b)^2 c(s-b) = (a+c)^2 b(s-c)$$

化简得

$$a^2 cs + b^2 cs - 2ab^2 c - b^3 c = a^2 bs + c^2 bs - 2abc^2 - c^3 b$$

即

$$a^2 s(c-b) + bcs(b-c) - 2abc(b-c) - bc(b^2 - c^2) = 0$$

$$(b-c)(a^2 s - bcs + 2abc + b^2 c + bc^2) = 0$$

$$(b-c)(a^2 s - bcs + abc + bc \cdot 2s) = 0$$

所以

$$(b-c)(a^2 s + abc + bcs) = 0 \qquad (2)$$

因 $a > 0，b > 0，c > 0，s > 0$，故式(2)左边第二个因式 $a^2 s + abc + bcs > 0$.

于是，由式(2)可得 $b - c = 0$，即 $\triangle ABC$ 为等腰三角形.

传统证法与机器证法

上一章我们提到了一个命题"等腰三角形两个底角的内分角线相等"和它的逆命题"两条内分角线相等的三角形是等腰三角形".原命题容易证明,而这个逆命题很难证明,这个逆命题成为一个古老问题,很多人想了很多方法加以证明.

读者们也许都有这个经验,用传统方法证明每一个稍难的初等几何命题,都要经过一番巧思.有的要添这样的辅助线,有的要添那样的辅助线.不同的命题有不同的证法,也就需要不同的巧思.一个新的命题需要通过新的巧思,找到新的证法.

下面我们粗略介绍利用电子计算机来证明初等几何命题的方法,简称机器证法.这种方法不是特殊地适用于个别的命题,而是普遍地适用于初等几何的所有命题,至少是某一类的很多命题.只要按照这种方法机械地进行,在有限步之后,就可以对这一类中的任何初等几何命题判定它是真或是假.命题是真的,这个命题就得到了证明;命题是假的,这个命题就被否定了.机器证明只需机械地进行,对于这类中的任何命题都是按照同样的步骤进行,不必对特殊的命题运用特殊的巧思.

初等几何的传统证明与机器证明之间的关系,就像应用题的算术解法与代数解法之间的关系.

为了通俗易懂,这本书只能对机器证明介绍一些大致情况,读者如要了解它的详细情况以及基本原理,请进一步参阅《几何定理机器证明的基本原理(初等几何部分)》(科学出版社,吴文俊著)这本著作.

机器证法举例

为了说明机器证法的大意,我们先举一个极简单的例子.这个例子用传统证法完全可以轻易解决.以它为例只是为了说明机器证法的大致情况,为下面进一步说明机器证法做些准备.

求证:平行四边形的对角线互相平分.

设 $ABCD$ 为平行四边形,求证 AC, BD 互相平分(图 3).

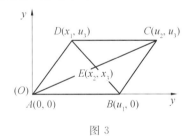

图 3

机器证法与解析几何方法相仿,也是先把几何问题化为代数问题.

以点 A 为原点,以 AB 为横轴,作成平面直角坐标系,则点 A 的坐标为 $(0,0)$.设

点 B 的坐标为 $(u_1,0)$,点 C 的坐标为 (u_2,u_3),点 D 的坐标为 (x_1,u_3),对角线 BD 与 AC 的交点 E 的坐标为 (x_2,x_3).

这里 u_1,u_2,u_3 是独立坐标,而 x_1,x_2,x_3 是随着 u_1,u_2,u_3 而确定的,所以不是独立坐标. D 的纵坐标取得和 C 的纵坐标一样,都是 u_3,这是已经运用了 $DC /\!/ AB$ 的条件. 在这里,这样做是为了使后面的说明更为简化而采取的特殊处理. 实际上完全可以不必运用 $DC /\!/ AB$ 的条件,而把 D 的坐标取作 (x_1,x_2),E 的坐标取作 (x_3,x_4),后面的说明仍能完全适用,不过略烦琐一些.

取好坐标以后,我们先把本题的题设部分表示成代数形式.

$AD /\!/ BC$ 可以用 $\dfrac{u_3-0}{x_1-0}=\dfrac{u_3-0}{u_2-u_1}$ 表示(斜率相等),但在机器证明中,不准许用分式,而把 $AD /\!/ BC$ 用关于整式的等式来表示

$$(u_3-0)(u_2-u_1)-(x_1-0)(u_3-0)=0$$

即

$$u_3(u_2-u_1)-x_1u_3=0 \qquad (1)$$

要注意等式(1)实际上并不只是表示一般的几何意义下的 $AD /\!/ BC$,而是表示 $AD /\!/ BC$,或 A 与 D 重合,或 B 与 C 重合,或 AD 与 BC 在同一条直线上等几种情况. 这样做,虽然好像是扩大了我们原来关于平行的概念,但却有利于研究更为普遍的情况,并且也有利于找到关于机器证明的一个一般步骤.

点 E 在 BD 上,在机器证明中可以用下面关于整式的等式来表示

$$x_3(x_1 - u_1) - u_3(x_2 - u_1) = 0 \qquad (2)$$

同样,点 E 在 AC 上,可以用下面的式子表示

$$x_3 u_2 - x_2 u_3 = 0 \qquad (3)$$

(1)(2)(3) 三式表示本题的题设部分.（题设 $DC /\!/ AB$ 已在取坐标时用过了.）

下面再把本题的结论部分表示成代数形式.

$EA = EC$ 就是（机器证明中不用根式,改用 $EA^2 = EC^2$,下同）

$$x_2^2 + x_3^2 = (u_2 - x_2)^2 + (u_3 - x_3)^2$$

即

$$u_2^2 - 2u_2 x_2 + u_3^2 - 2u_3 x_3 = 0 \qquad (4)$$

$EB = ED$ 就是

$$(x_2 - u_1)^2 + x_3^2 = (x_1 - x_2)^2 + (u_3 - x_3)^2$$

即

$$-2u_1 x_2 + u_1^2 - x_1^2 + 2x_1 x_2 - u_3^2 + 2u_3 x_3 = 0 \quad (5)$$

现在的问题就是怎样从本题的题设部分 (1)(2)(3) 推出本题的结论部分 (4)(5).

我们通常的做法是,从式 (1)(2)(3) 中解出 x_1, x_2,x_3,在 $u_1 \neq 0$,$u_3 \neq 0$ 的条件下[①],有

$$\begin{cases} x_1 = u_2 - u_1 \\ x_2 = \dfrac{u_2}{2} \\ x_3 = \dfrac{u_3}{2} \end{cases}$$

[①]　从图 3 可以看到,$u_1 \neq 0$ 的几何意义是点 B 与点 A 不重合;$u_3 \neq 0$ 的几何意义是 DC 与 AB 不在同一条直线上.对于我们所理解的平行四边形来说,这些条件显然是符合的.

把它们代入式(4)的左边,得

$$u_2^2 - 2u_2 \cdot \frac{u_2}{2} + u_3^2 - 2u_3 \cdot \frac{u_3}{2}$$

这个式子恒等于 0,所以式(4)成立.

把它们代入式(5)的左边,得

$$-2u_1 \cdot \frac{u_2}{2} + u_1^2 - (u_2 - u_1)^2 + 2(u_2 - u_1) \cdot$$

$$\frac{u_2}{2} - u_3^2 + 2u_3 \cdot \frac{u_3}{2}$$

这个式子也恒等于 0,所以式(5)也成立.

这就证明了在 $u_1 \neq 0, u_3 \neq 0$ 的条件下,本题中的命题是真的.

上面所说的是通常的做法,还不是机器证明.

机器证明用的是下面的方法.虽然对有些问题机器证明的方法似乎反而比通常的做法更烦琐,但是因为机器证明的方法有一定的步骤,可以通过一定的程序让机器来运行,而且对于较为复杂的问题通常的做法很难进行甚至无法进行,而机器证法则不管问题是简单的还是复杂的,都能同样按照一定的步骤进行,所以机器证明所用的下面的方法可以解决通常的做法不易解决或无法解决的问题.

方法如下.

第一步 先对命题的题设部分(1)(2)(3)三式,即

$$u_3(u_2 - u_1) - x_1 u_3 = 0$$
$$x_3(x_1 - u_1) - u_3(x_2 - u_1) = 0$$
$$x_3 u_2 - x_2 u_3 = 0$$

进行整理,使其中一个式子只能包含一个 x,例如 x_1,一个式子只能包含两个 x,例如 x_1 和 x_2(或 x_1 和 x_3),

而一个式子可以包含三个 x,即 x_1,x_2,x_3.

对于这里的(1)(2)(3),这是很容易做到的.

式(1)中本来只含 x_1,在 $u_3 \neq 0$ 的条件下,式(1)就是

$$u_2 - u_1 - x_1 = 0$$

我们把它的左边(右边是零,下同)叫作 f_1,那么式(1)就是(在 $u_3 \neq 0$ 的条件下)

$$f_1 = u_2 - u_1 - x_1 = 0 \tag{1'}$$

(2)(3)两式都是既有 x_2,又有 x_3,我们可以从中消去 x_2.由式(2)减去式(3),即得

$$x_3(x_1 - u_1 - u_2) + u_1 u_3 = 0$$

我们把它的左边叫作 f_2,就得

$$f_2 = x_3(x_1 - u_1 - u_2) + u_1 u_3 = 0 \tag{2'}$$

再把式(3)的左边叫作 f_3,就得

$$f_3 = x_3 u_2 - x_2 u_3 = 0 \tag{3'}$$

上面的式(1')只含 x_1,式(2')含 x_1 和 x_3,式(3')含 x_1,x_2 和 x_3(实际上不含 x_1).这就达到了整理的目的.这样的整理叫作三角化[①],意思就是化成

$$
\begin{array}{ccc}
x_1 & & x_1 \\
x_1,x_3 & \text{或} & x_1,x_2 \\
x_1,x_2,x_3 & & x_1,x_2,x_3
\end{array}
$$

的形式.

把题设部分三角化以后,得到三个多项式

$$f_1 = u_2 - u_1 - x_1$$
$$f_2 = x_3(x_1 - u_1 - u_2) + u_1 u_3$$
$$f_3 = x_3 u_2 - x_2 u_3$$

---

① 严格说来,三角化还有其他一些要求,这里从略.

然后进行第二步.

第二步　把表示题目结论部分的等式的左边(右边是 0)用 g 表示.例如,把式(4)的左边用 g_1 表示,即令

$$g_1 = u_2^2 - 2u_2 x_2 + u_3^2 - 2u_3 x_3$$

(式(5)的左边用 g_2 表示,以后再说.)

再把 g_1 除以 f_3(两者都看作 x_2 的多项式),所得的余式除以 f_2(两者都看作 x_3 的多项式),又一次所得的余式除以 f_1(两者都看作 x_1 的多项式),最后把所得的余式叫作 R,看 R 是不是恒等于零.

实际进行如下.

把 g_1 除以 f_3(都看作 x_2 的多项式).为了避免分式,我们用 $u_3 g_1$ 除以 f_3,即

$$
\begin{array}{r}
2u_2 \\
-u_3 x_2 + u_2 x_3 \overline{\smash{\big)}\, -2u_2 u_3 x_2 - 2u_3^2 x_3 + u_2^2 u_3 + u_3^3} \\
\underline{-2u_2 u_3 x_2 + 2u_2^2 x_3 } \\
-2u_3^2 x_3 - 2u_2^2 x_3 + u_2^2 u_3 + u_3^3
\end{array}
$$

这就得到

$$u_3 g_1 = 2u_2 f_3 + R_3 \qquad (6)$$

其中

$$R_3 = -2(u_2^2 + u_3^2)x_3 + u_3(u_2^2 + u_3^2)$$

把 R_3 除以 f_2(都看作 x_3 的多项式),得到(除法算式从略,下同)

$$(x_1 - u_1 - u_2)R_3 = -2(u_2^2 + u_3^2)f_2 + R_2 \qquad (7)$$

其中

$$R_2 = 2u_1 u_3(u_2^2 + u_3^2) + u_3(u_2^2 + u_3^2)(x_1 - u_1 - u_2)$$

再把 R_2 除以 f_1(都看作 x_1 的多项式),得到

$$R_2 = -u_3(u_2^2 + u_3^2)f_1 + R \qquad (8)$$

而其中的 R 恒等于 0.

这就说明了在某些附加条件下,从本题的题设部分$(1)(2)(3)$ 三式可以推出本题的结论部分式(4).

这是因为由式(6) 可得

$$u_3(x_1-u_1-u_2)g_1=2u_2(x_1-u_1-u_2)f_3+$$
$$(x_1-u_1-u_2)R_3$$

以式(7) 代入,得

$$u_3(x_1-u_1-u_2)g_1=2u_2(x_1-u_1-u_2)f_3-$$
$$2(u_2^2+u_3^2)f_2+R_2$$

再以式(8) 代入,得

$$u_3(x_1-u_1-u_2)g_1=2u_2(x_1-u_1-u_2)f_3-$$
$$2(u_2^2+u_3^2)f_2-$$
$$u_3(u_2^2+u_3^2)f_1+R \qquad (9)$$

式(9) 可以写成下列形式

$$c_1c_2g_1=a_1f_3+a_2f_2+a_3f_1+R \qquad (10)$$

其中 $c_1=u_3,c_2=x_1-u_1-u_2,a_1=2u_2(x_1-u_1-u_2)$,
$a_2=-2(u_2^2+u_3^2),a_3=-u_3(u_2^2+u_3^2)$.

由本题的题设部分$(1)(2)(3)$ 三式,可以推得 $f_1=0,f_2=0,f_3=0$;而由这里的除法运算,又得 $R=0$.因此,由式(10) 可得

$$c_1c_2g_1=a_1 \cdot 0+a_2 \cdot 0+a_3 \cdot 0+0$$

即

$$c_1c_2g_1=0$$

由此可知,只要 $c_1 \neq 0,c_2 \neq 0$,就可推得本题的结论部分式(4)

$$g_1=0$$

这里的 $c_1 \neq 0,c_2 \neq 0$ 叫作附加条件.

上面所说的第二步,叫作逐次除法.由本题第二步

13

逐次除法的结果，得到恒等于零的余式 R. 这就可以断定，在某些附加条件下，由本题的题设部分 $(1)(2)(3)$ 三式可以推出本题的结论部分式 (4).

$c_1 \neq 0$ 就是 $u_3 \neq 0$，它的几何意义就是 DC 和 AB 不在同一直线上（图 3）. $c_2 \neq 0$ 就是 $x_1 - u_1 - u_2 \neq 0$，而由 $f_1 = 0$ 可得 $x_1 = u_2 - u_1$，因此 $c_2 \neq 0$ 就等价于 $u_1 \neq 0$，它的几何意义就是点 B 不与点 A 重合（图 3）. 因此，对于我们一般理解的平行四边形来说，这两个附加条件 $c_1 \neq 0$ 和 $c_2 \neq 0$ 是成立的，由此本题的结论部分式 (4) 得证.（式 (5) 的证明见后文.）

从上面的例子可以看到，机器证明的思路是：先把几何问题化为代数问题，列出表示命题的题设部分和结论部分的只含整式的等式. 这一步可由人工进行，一般不是很难（也可编成程序，由机器进行）. 然后进行三角化和逐次相除，这两步可以由机器按一定的程序进行. 虽然我们用人工进行这两步觉得比较烦琐，但是机器却是不怕烦琐的，即使余式多达几十项、几百项，它都不怕. 如果最后得到的余式恒等于零，那就说明在某些附加条件下，从命题的题设部分可以推出结论部分，也就是说，在某些附加条件下，命题已经得到证明.

机器证法大意

第 4 章

上一章我们举了机器证明初等几何命题的一个例子,本章借助这个例子来说明机器证明的大意.

通过上一章的例子可以看到,机器证明初等几何命题,首先要把几何问题化成代数形式,用关于整式的等式写出命题的题设部分和结论部分.这可由人工或机器进行.

适当选择坐标系,即选取图形中适当的点作为原点,适当的直线作为坐标轴,往往可使后面的各个步骤以及问题的解决得到很大的简化.

选定坐标系后,我们可以把独立的各点(即它们的位置是可以任意选取的)的坐标用(u_1,u_2),(u_3,u_4)等表示,而把不独立的各点(即它们的位置是由其他点的位置所确定的)的坐标用(x_1,x_2),(x_3,x_4)等表示.哪些点是独立点,哪些点不是独立点,往往不是固定的.如果取某些点为独立点,那么其他点就不是独立点;如果取另一些点为独立点,那么其他的点就不是独立点. 但在同一个问题中,独立坐标的个数则是确定的. 当然,独立点的坐标和不独立点的坐标并不一定要用 u 和 x 来区分,但是这样区分一下,可以使后面的说明得到方便.

确定了点的坐标以后,初等几何中的一些关系(无论在题设中,或在结论中)可以化成如下代数形式.

1. 线段相等

如图 4,线段 AB 的长度(即 A,B 两点为的距离)的平方为

$$(x_1 - x_3)^2 + (x_2 - x_4)^2$$

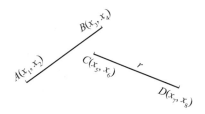

图 4

线段 CD 的长度为 r,可以表示为

$$(x_5 - x_7)^2 + (x_6 - x_8)^2 - r^2 = 0$$

线段 AB 与 CD 相等,可以改用它们的长度的平方相等表示为

$$(x_1 - x_3)^2 + (x_2 - x_4)^2 - (x_5 - x_7)^2 - (x_6 - x_8)^2 = 0$$

2. 一点是线段的中点

如图 5,B 是线段 AC 的中点,可以表示为

$$\begin{cases} 2x_3 - x_1 - x_5 = 0 \\ 2x_4 - x_2 - x_6 = 0 \end{cases}$$

16

上面的两个等式在一起实际上表示："B 是线段 AC 的中点"或"A,B,C 三点重合".

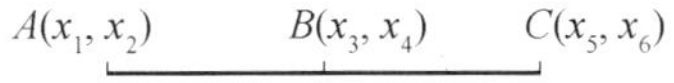

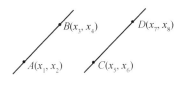

图 5

3. 两线平行

如图 6，$AB \mathbin{/\!/} CD$ 可以表示为

$$(x_4 - x_2)(x_7 - x_5) - (x_3 - x_1)(x_8 - x_6) = 0$$

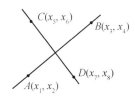

图 6

这个等式可从 AB 与 CD 的斜率相等导出，但这个等式所表示的实际上是："$AB \mathbin{/\!/} CD$"，或"A 与 B 重合"，或"C 与 D 重合"，或"AB 与 CD 在同一条直线上".

4. 两线垂直

如图 7，$AB \perp CD$ 可以表示为

$$(x_4 - x_2)(x_8 - x_6) + (x_3 - x_1)(x_7 - x_5) = 0$$

图 7

这个等式可从 AB 与 CD 的斜率互为负倒数导出，

17

但这个等式所表示的实际上是:"$AB \perp CD$",或"A 与 B 重合",或"C 与 D 重合".

5. 三点共线

如图 8,A,B,C 三点共线可以表示为

$$(x_4 - x_6)(x_1 - x_5) - (x_3 - x_5)(x_2 - x_6) = 0$$

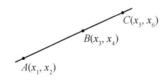

图 8

这个等式可以从 BC 与 AC 的斜率相等导出,但这个等式所表示的实际上是:"A,B,C 三点共线",或"其中有两点重合",或"三点重合".

熟悉行列式的读者可以看到,上面的等式与下面关于行列式的等式是一样的

$$\begin{vmatrix} x_1 & x_2 & 1 \\ x_3 & x_4 & 1 \\ x_5 & x_6 & 1 \end{vmatrix} = 0$$

6. 三线共点

如图 9,AB,CD,EF 三条直线都经过点 G,可以用三个等式来表示,这三个等式分别表示 A,B,G 三点共线,C,D,G 三点共线,以及 E,F,G 三点共线.

7. 两角相等

如图 10,$\angle ABC$ 和 $\angle DEF$ 相等,不但需要它们的度数相等,而且需要它们从始边(BA,ED)旋转到终边(BC,EF)的方向也相同(都是逆时针方向,或都是顺时针方向).

如果一个角从始边旋转到终边的方向是逆时针方

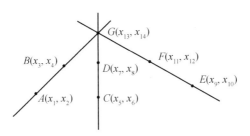

图 9

向，那么这个角的正切值是 $\dfrac{S_{终}-S_{始}}{1+S_{终}\,S_{始}}$，这里 $S_{始}$，$S_{终}$ 分别表示这个角的始边和终边的斜率．

按此，图 10 中的 $\angle ABC = \angle DEF$（$\angle ABC$ 的始边为 BA，终边为 BC，其他同）可以表示为

$$\left[(x_6-x_4)(x_1-x_3)-(x_2-x_4)(x_5-x_3)\right]\cdot$$
$$\left[(x_{11}-x_9)(x_7-x_9)+(x_{12}-x_{10})(x_8-x_{10})\right]-$$
$$\left[(x_{12}-x_{10})(x_7-x_9)-(x_8-x_{10})(x_{11}-x_9)\right]\cdot$$
$$\left[(x_5-x_3)(x_1-x_3)+(x_6-x_4)(x_2-x_4)\right]=0$$

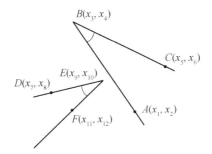

图 10

这个等式所表示的实际上是："A 与 B 重合"，或"C 与 B 重合"，或"D 与 E 重合"，或"F 与 E 重合"，或"$\angle ABC$

19

与 $\angle DEF$ 度数相等且旋转方向相同"(图 10),或 "$\angle ABC$ 与 $\angle DEF$ 度数相补且旋转方向相反"(图 11).

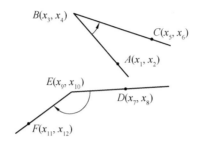

图 11

8. 点在分角线上

如图 12,点 P 在 $\angle ABC$ 的分角线上,可以表示为

$$\big[(x_8 - x_4)(x_1 - x_3) - (x_2 - x_4)(x_7 - x_3)\big] \cdot$$
$$\big[(x_5 - x_3)(x_7 - x_3) + (x_6 - x_4)(x_8 - x_4)\big] -$$
$$\big[(x_6 - x_4)(x_7 - x_3) - (x_8 - x_4)(x_5 - x_3)\big] \cdot$$
$$\big[(x_7 - x_3)(x_1 - x_3) + (x_8 - x_4)(x_2 - x_4)\big] = 0$$

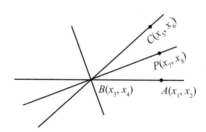

图 12

这个等式可从考虑 $\angle ABP$ 的正切与 $\angle PBC$ 的正切相等而得出. 它所表示的实际上是:"A 与 B 重合",

或"C 与 B 重合",或"A 与 C 重合",或"P 在 $\angle ABC$ 的
分角线上",或"P 在 $\angle ABC$ 的邻补角的分角线上".

9. 线段的比相等

如图 13,线段 AB 与 CD 的(长度的)比等于 r,可
以表示为

$$(x_1 - x_3)^2 + (x_2 - x_4)^2 -$$
$$r^2\left[(x_5 - x_7)^2 + (x_6 - x_8)^2\right] = 0$$

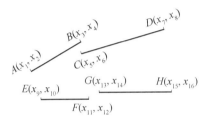

图 13

这个等式实际上也表示"A 与 B 重合且 C 与 D 重合"的
情形.

又线段 AB 与 CD 的比等于线段 EF 与 GH 的比
(即线段 AB,CD,EF,GH 成比例),可以表示为

$$\left[(x_1 - x_3)^2 + (x_2 - x_4)^2\right]\left[(x_{13} - x_{15})^2 + (x_{14} - x_{16})^2\right] -$$
$$\left[(x_5 - x_7)^2 + (x_6 - x_8)^2\right]\left[(x_9 - x_{11})^2 + (x_{10} - x_{12})^2\right] = 0$$

这个等式就是表示线段 AB 与 GH 的积等于线段 CD
与 EF 的积,实际上也表示"A 与 B 重合且 C 与 D 重
合",或"A 与 B 重合且 E 与 F 重合",或"G 与 H 重合且
C 与 D 重合",或"G 与 H 重合且 E 与 F 重合"等情形.

10. 一点分线段成定比

如图 14,点 P 分线段 AB 成定比 r,是指 P 在 A,B
所在的直线上,且有向线段 AP 与有向线段 PB 的比是
r.因此,点 P 在 A,B 之间时 r 为正(图 14 的上图),点

P 在 A,B 之外时 r 为负(图 14 的下图).

点 P 分线段 AB 成定比 r,可以表示为

$$\begin{cases} x_5 - x_1 - r(x_3 - x_5) = 0 \\ x_6 - x_2 - r(x_4 - x_6) = 0 \end{cases}$$

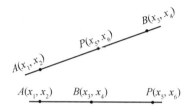

图 14

这两个等式在一起实际上表示:"P 分线段 AB 成定比 r",或"A,B,P 三点重合",或"A 与 B 重合且 P 不与 A,B 重合".

11. 一点在一圆上

如图 15,点 P 在以 O 为圆心、以 r 为半径的圆上,可以表示为

$$(x_3 - x_1)^2 + (x_4 - x_2)^2 = r^2$$

当 r 为 0 时,这个等式表示 P 与 O 重合.

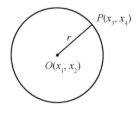

图 15

12. 四点共圆

如图 16，A, B, C, D 四点共圆，可以设这个圆的圆心为 O，半径为 r，而把这四点共圆表示为

$$\begin{cases} (x_1 - x_9)^2 + (x_2 - x_{10})^2 = r^2 \\ (x_3 - x_9)^2 + (x_4 - x_{10})^2 = r^2 \\ (x_5 - x_9)^2 + (x_6 - x_{10})^2 = r^2 \\ (x_7 - x_9)^2 + (x_8 - x_{10})^2 = r^2 \end{cases}$$

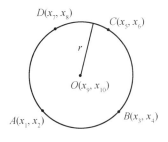

图 16

也可利用角的旋转方向及相等、相补关系，把这四点共圆用本章"7. 两角相等"中表示两角相等的式子来表示. 例如，在图 16 中 A, B, C, D 四点这样的位置情况下，$\angle ABD$ 与 $\angle ACD$ 旋转方向相同且度数相等，$\angle ABC$ 与 $\angle ADC$ 旋转方向相反且度数相补.

上面我们举出了把几何关系用代数形式来表示的几种情况. 这里已经基本上包括了通常遇到的一些几何关系. 如果另外遇到这里没有提及的几何关系时，也可仿照这里的方法，把它们化成代数形式.

当要证明一个命题时，可以先把这个命题的题设部分和结论部分分别化成代数形式. 这个工作可由人工或机器来完成. 然后可以利用机器按照一定的程序进行下面两步工作.

第一步:三角化

把表示命题的题设部分的式子进行整理,得到一组关于整式的等式

$$f_1 = 0$$
$$f_2 = 0$$
$$f_3 = 0$$
$$\vdots$$
$$f_n = 0$$

其中各个 $f_i(i=1,2,3,\cdots,n)$ 都可以含有独立坐标 $u_1,u_2,\cdots$,但 f_1 只含有一个不独立坐标 x_1,f_2 含有 x_1 和另一个不独立坐标 x_2,f_3 含有 x_1,x_2 和另一个不独立坐标 x_3,$\cdots\cdots$,f_n 可以含有所有的不独立坐标(设有 n 个). 当然上面所说的不独立坐标不一定按 $x_1,x_2,x_3,\cdots,x_n$ 的排列次序,而是可以按任何其他的排列次序.

第二步:逐次除法

把表示命题的结论部分的式子写成

$$g = 0$$

把 g 除以 f_n(都看作 x_n 的多项式),得

$$c_1 g = a'_1 f_n + R_n$$

再把 R_n 除以 f_{n-1}(都看作 x_{n-1} 的多项式),得

$$c_2 R_n = a'_2 f_{n-1} + R_{n-1}$$

再把 R_{n-1} 除以 f_{n-2}(都看作 x_{n-2} 的多项式),得

$$c_3 R_{n-1} = a'_3 f_{n-2} + R_{n-2}$$

$$\vdots$$

最后得

$$c_{n-1} R_3 = a'_{n-1} f_2 + R_2$$
$$c_n R_2 = a'_n f_1 + R$$

24

　　把上面的第一个式子乘以 c_2,再把第二个式子代入,得

$$c_1 c_2 g = a'_1 c_2 f_n + a'_2 f_{n-1} + R_{n-1}$$

再把这个式子乘以 c_2,然后把第三个式子代入,得

$$c_1 c_2 c_3 g = a'_1 c_2 c_3 f_n + a'_2 c_3 f_{n-1} + a'_3 f_{n-2} + R_{n-2}$$

依此类推,最后得

$$c_1 c_2 c_3 \cdots c_n g = a_1 f_n + a_2 f_{n-1} + \cdots + a_n f_1 + R \quad (1)$$

　　上面的第一步三角化和第二步逐次除法是可以通过计算机来完成的. 就是说有如下步骤:

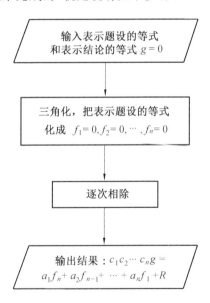

　　这个过程,可以由计算机来完成,而且是切实可行的. 就是说,不必动用大型的或超级的计算机,不必经年累月,耗费大量时间,即使对于一般认为是初等几何中的难题,只要利用普通的微型计算机,在合理的时间(例如几小时)以内就可完成.

从输出的式(1),可以看到,如果最后所得的余式 R 恒等于 0,那么在题设条件 $f_1=0,f_2=0,\cdots,f_n=0$ 及附加条件 $c_1\neq 0,c_2\neq 0,\cdots,c_n\neq 0$ 下,一定可以得到条件 $g=0$. 这就是说,在 $c_1\neq 0,c_2\neq 0,\cdots,c_n\neq 0$ 的附加条件下,命题已经得到证明. 反之,如果没有得出余式 R 恒等于 0,那么命题的成立与否还不一定,就是说,命题还在存疑之中.

以上只是介绍了机器证法的一个梗概. 就是说,利用传统方法需要冥思苦想才能得到证明的一些初等几何命题,可以利用机器,通过一定的程序加以证明.

限于本书的通俗性质,对机器证法就不再作更详细、更严密的说明了. 例如,究竟怎样编制让计算机运行的程序,怎样编制尽可能简单易行的程序,在这里就不易说明. 又如,从式(1)可知,R 恒等于 0,则命题在附加条件下一定成立. 就是说,R 恒等于 0 是命题在附加条件下一定成立的充分条件. 但 R 不恒等于 0,能不能确定命题一定不成立呢? 就是说,R 恒等于 0 是不是同时又是命题成立的必要条件呢? 这也需要另做一番考察才能说明清楚. 至于整个机器证明的理论基础问题,就更不是本书所能解释明白的了.

机器证法再举例

第 4 章通过第 3 章的举例,说明了机器证法的大意. 现在再举一些例子. 下面这些例子,有的实际上根本用不到机器,只用人工就能解决,但是所用的方法则是机器证明所用的方法. 有的虽要借助于一些机器计算,但也是比较简单的.

先举一个十分简单的例子.

例 1 求证:三角形的三条高线共点.

如图 17,选取坐标系,以 $\triangle ABC$ 的边 AB 所在的直线为横轴,过点 C 的高线为纵轴. 设过点 A 的高线与过点 C 的高线相交于 H,且设各点的坐标为 $A(u_1,0)$, $B(u_2,0),C(0,u_3),H(0,x_1)$.

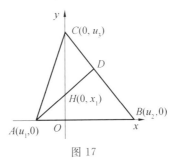

图 17

27

只要证明 $BH \perp AC$,本题即可得证.

由题设 $AH \perp BC$,得

$$f_1 = (x_1 - 0)(x_3 - 0) + (0 - u_1)(0 - u_2) = 0$$

而结论 $BH \perp AC$,即

$$g = (x_1 - 0)(x_3 - 0) + (0 - u_2)(0 - u_1) = 0$$

可见 f_1 与 g 完全相同.

因此,g 除以 f_1 所得的余式 R 当然为 0,本题中的命题已被证明.

例 2 证明第 3 章中的式(5).

从

$$f_1 = u_2 - u_1 - x_1 = 0$$
$$f_2 = x_3(x_1 - u_1 - u_2) + u_1 u_3 = 0$$
$$f_3 = x_3 u_2 - x_2 u_3 = 0$$

推出

$$g_2 = -2u_1 x_2 + u_1^2 - x_1^2 + 2x_1 x_2 - u_3^2 + 2u_3 x_3 = 0$$

把 g_2 除以 f_3(都看作 x_2 的多项式),得

$$u_3 g_2 = -(-2u_1 + 2x_1)f_3 + R_3$$

其中

$$R_3 = (-2u_1 u_2 + 2u_2 x_1 + 2u_3^2)x_3 + u_1^2 u_3 - u_3 x_1^2 - u_3^3$$

再把 R_3 除以 f_2(都看作 x_3 的多项式),得

$$(x_1 - u_1 - u_2)R_3 = (-2u_1 u_2 + 2u_2 x_1 + 2u_3^2)f_2 + R_2$$

其中

$$\begin{aligned}
R_2 = &-u_1 u_3(-2u_1 u_2 + 2u_2 x_1 + 2u_3^2) + \\
&(x_1 - u_1 - u_2)(u_1^2 u_3 - u_3 x_1^2 - u_3^3) = \\
&-u_3 x_1^3 + (u_1 u_3 + u_2 u_3)x_1^2 + \\
&(-2u_1 u_2 u_3 + u_1^2 u_3 - u_3^3)x_1 + \\
&(-u_1^3 u_3 + u_1^2 u_2 u_3 - u_1 u_3^3 + u_2 u_3^3)
\end{aligned}$$

最后把 R_2 除以 f_1(都看作 x_1 的多项式),得

$$R_2 = (u_3 x_1^2 - 2u_1 u_3 x_1 + u_1^2 u_3 + u_3^3) f_1 + R$$

其中,R 恒等于 0.

于是,在 $u_3 \neq 0$ 及 $x_1 - u_1 - u_2 \neq 0$ 的附加条件下式 (5) 得证. $u_3 \neq 0$ 及 $x_1 - u_1 - u_2 \neq 0$ 的意义可见第 3 章靠近末尾的部分.

例 3　求证:菱形对角线互相垂直.

选取坐标系,使菱形的一个顶点 A 为原点,一条边所在的直线为横轴,如图 18.

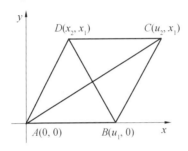

图 18

设 A,B 的坐标分别为 $(0,0)$,$(u_1,0)$. 因 AB 与 BC 的长度相等,故点 C 的坐标只能有一个为独立坐标,设点 C 的坐标为 (u_2, x_1). 点 D 的两个坐标都不独立,且由 $AB /\!/ DC$,点 D 的纵坐标与点 C 的纵坐标相同,设点 D 的坐标为 (x_2, x_1).

由 $AD /\!/ BC$,得

$$x_1(u_2 - u_1) - x_2 \cdot x_1 = 0 \qquad (1)$$

由 $AB = AD$,得

$$u_1^2 - (x_2^2 + x_1^2) = 0 \qquad (2)$$

式 (1) 中 $x_1 \neq 0$(否则 DC 与 AB 在同一条直线上),故可把 (1)(2) 两式三角化如下

29

$$f_1 = -x_2 + (u_2 - u_1) = 0$$
$$f_2 = -(x_1^2 + x_2^2) + u_1^2 = 0$$

结论 $AC \perp BD$ 可表示为

$$g = x_1 \cdot x_1 + u_2 \cdot (x_2 - u_1) = 0$$

把 g 除以 f_2,得

$$g = -f_2 + R_2$$

其中

$$R_2 = -x_2^2 + u_2 x_2 - u_1 u_2 + u_1^2$$

再把 R_2 除以 f_1,得

$$R_2 = (x_2 - u_1)f_1 + R$$

其中 R 恒等于零. 于是命题得证.

例 4　求证:等腰梯形底角相等.

如图 19,选取坐标系并设 A,B,C,D 各点的坐标.

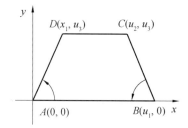

图 19

由 $AD = BC$,得

$$f_1 = x_1^2 + u_3^2 - (u_2 - u_1)^2 - u_3^2 =$$
$$(x_1 + u_2 - u_1)(x_1 - u_2 + u_1) = 0$$

但因 AD 与 BC 不平行(梯形的定义),故

$$u_3 \cdot (u_2 - u_1) - x_1 \cdot u_3 \neq 0$$

因此 $x_1 + u_1 - u_2 \neq 0$,而上面的 $f_1 = 0$ 成为

$$f_2 = x_1 + u_2 - u_1 = 0$$

30

由第 4 章中的"7. 两角相等",结论 $\angle BAD = \angle CBA$ 可以表示为

$$g = u_3 u_1 [-u_1(u_2 - u_1)] - u_3 u_1(x_1 u_1) = -u_1^2 u_3(x_1 + u_2 - u_1) = 0$$

因 $u_1 \neq 0$(B 与 A 不重合),$u_3 \neq 0$(DC 与 AB 不在同一条直线上),故由 $f_2 = 0$ 可以推得 $g = 0$,因此命题得证.

例 5 求证:三角形两条中线的交点,分顶点与对边中点的连线成 $2:1$.

选取两条中线的顶点所在的直线为横轴,其中一个顶点为原点,并设顶点 A,B,C 的坐标如图 20. 由第 4 章中的"2. 一点是线段的中点"可得边 BC 的中点 D 和边 AC 的中点 E 的坐标.

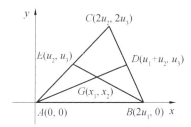

图 20

设 AD 和 BE 的交点是 G,则由 A,G,D 共线和 B,G,E 共线可得

$$x_2(u_1 + u_2) - x_1 u_3 = 0$$
$$x_2(u_2 - 2u_1) - (x_1 - 2u_1)u_3 = 0$$

三角化得

$$f_1 = u_1 u_3 [3x_1 - 2(u_1 + u_2)] = 0$$
$$f_2 = x_2 \cdot (u_1 + u_2) - x_1 u_3 = 0$$

由第 4 章中的"10. 一点分线段成定比",结论 G 分 AD 成 $2:1$ 并分 BE 成 $2:1$,可以表示为

$$\begin{cases} g_1 = x_1 - 2(u_1 + u_2 - x_1) = 0 \\ g_2 = x_2 - 2(u_3 - x_2) = 0 \end{cases}$$

和

$$\begin{cases} g_3 = x_1 - 2u_1 - 2(u_2 - x_1) = 0 \\ g_4 = x_2 - 2(u_3 - x_2) = 0 \end{cases}$$

因 $u_1 \neq 0$(B 与 A 不重合),$u_3 \neq 0$(点 C 不在直线 AB 上),故由 $f_1 = 0$ 可以推得 $g_1 = 0$,$g_3 = 0$.

$g_2 = 0$ 和 $g_4 = 0$ 都是 $g = 3x_2 - 2u_3 = 0$.

把 g 除以 f_2,得

$$(u_1 + u_2)g = 3f_2 + R_2$$

其中

$$R_2 = u_3[3x_1 - 2(u_1 + u_2)]$$

再把 R_2 除以 f_1,得

$$u_1 R_2 = f_1 + R$$

其中 R 恒等于 0.

因 $u_1 \neq 0$,于是在 $u_1 + u_2 \neq 0$ 的条件下,命题得证.

若 $u_1 + u_2 = 0$,则三角化之前的题设为

$$f_1 = -u_3 x_1 = 0$$
$$f_2 = -3u_1 x_2 - u_3 x_1 + 2u_1 u_3 = 0$$

而三角化之后的结论为

$$\begin{cases} g_1 = 3x_1 = 0 \\ g_2 = 3x_2 - 2u_3 = 0 \end{cases}$$

和

$$\begin{cases} g_3 = 3x_1 = 0 \\ g_4 = 3x_2 - 2u_3 = 0 \end{cases}$$

又因 $u_1 u_3 \neq 0$,故由题设 $f_1 = 0$,$f_2 = 0$ 也可推出结论 $g_1 = 0$,$g_2 = 0$,$g_3 = 0$,$g_4 = 0$.

例 6 求证:直角三角形斜边上的高是斜边上两线段的比例中项.

如图 21，选取坐标系及 A，B，C，D 各点的坐标，其中 AD 是 Rt$\triangle ABC$ 斜边 BC 上的高．

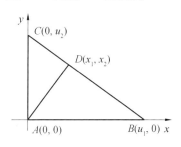

图 21

由 $AD \perp BC$，可得

$$x_2 u_2 + x_1(-u_1) = 0$$

由 B，D，C 三点共线，可得

$$x_2 \cdot (-u_1) - (x_1 - u_1) \cdot u_2 = 0$$

三角化后，得

$$f_1 = u_1 u_2^2 - (u_1^2 + u_2^2)x_1 = 0$$

$$f_2 = x_2 u_2 - x_1 u_1 = 0$$

结论 $AD^2 = BD \cdot DC$ 可以表示为

$$g = \left[(x_1 - u_1)^2 + x_2^2\right] \cdot \left[x_1^2 + (x_2 - u_2)^2\right] - (x_1^2 + x_2^2)^2 = 0$$

把 g 除以 f_2（都看作 x_2 的多项式），得

$$u_2^2 g = \left[-2u_2^2 x_2^2 + (u_2^3 - 4u_1 u_2 x_1 + u_1^2 u_2)x_2 + (5u_1 u_2^2 x_1 - 4u_1^2 x_1^2 + u_1^3 x_1 - 2u_2^2 x_1^2 - 2u_1^2 u_2^2)\right]f_2 + R_2$$

其中

$$R_2 = -4u_1(u_1^2 + u_2^2)x_1^3 + (u_1^4 + 6u_1^2 u_2^2 + u_2^4)x_1^2 - 2u_1 u_2^2(u_1^2 + u_2^2)x_1 + u_1^2 u_2^4$$

再把 R_2 除以 f_1，得

$$R_2 = \left[4u_1 x_1^2 - (u_1^2 + u_2^2)x_1 + u_1 u_2^2\right]f_1 + R$$

其中 R 恒等于 0.

于是在 $u_2 \neq 0$（C 与 A 不重合）的附加条件下，命题得证.

例 7   求证：从三角形外接圆上一点到三角形三边所作垂线的垂足共线（这线称为西姆森（Simson）线）.

取 $\triangle ABC$ 的点 A 为原点，边 AB 所在的直线为横轴. 设 $\triangle ABC$ 的外接圆的圆心为 O、半径为 r. 设 P 为外接圆上一点，它到 $\triangle ABC$ 三边 AB, BC, CA 所作垂线的垂足分别为 L, M, N. 设各点的坐标如图 22.

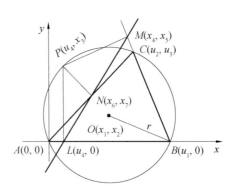

图 22

由 B, C, P 在圆上，得
$$(u_1 - x_1)^2 + x_2^2 = x_1^2 + x_2^2$$
$$(u_2 - x_1)^2 + (u_3 - x_2)^2 = x_1^2 + x_2^2$$
$$(u_4 - x_1)^2 + (x_3 - x_2)^2 = x_1^2 + x_2^2$$

由 $PM \perp BC, PN \perp AC$，得
$$(x_3 - x_5)u_3 + (u_4 - x_4)(u_2 - u_1) = 0$$
$$(x_3 - x_7)u_3 + (u_4 - x_6)u_2 = 0$$

由 M 在 BC 上，N 在 CA 上，得
$$x_5(u_2 - u_1) - u_3(x_4 - u_1) = 0$$

34

$$x_7 u_2 - x_6 u_3 = 0$$

经过三角化,得

$$f_1 = 2u_1 x_1 - u_1^2 = 0$$
$$f_2 = 2u_3 x_2 + 2u_2 x_1 - u_2^2 - u_3^2 = 0$$
$$f_3 = x_3^2 - 2x_2 x_3 - 2u_4 x_1 + u_4^2 = 0$$
$$f_4 = u_3^2 (x_4 - u_1) - x_3 u_3 (u_2 - u_1) +$$
$$(x_4 - u_4)(u_2 - u_1)^2 = 0$$
$$f_5 = x_5 (u_2 - u_1) - u_3 (x_4 - u_1) = 0$$
$$f_6 = -x_6 (u_2^2 + u_3^2) + x_3 u_2 u_3 + u_3^2 u_4 = 0$$
$$f_7 = x_7 u_2 - x_6 u_3 = 0$$

L, M, N 共线可以表示为

$$g = x_7 (x_4 - u_4) - (x_6 - u_4) x_5 = 0$$

把 g 除以 f_7(都看作 x_7 的多项式),余式为(在某些条件下,下同)

$$R_7 = x_6 u_3 (x_4 - u_4) - u_2 x_5 (x_6 - u_4)$$

把 R_7 除以 f_6(都看作 x_6 的多项式),余式为

$$R_6 = u_2 x_3 x_5 - u_3 u_4 x_5 - u_3 x_3 x_4 -$$
$$u_2 u_4 x_4 + u_3 u_4 x_3 + u_2 u_4^2$$

把 R_6 除以 f_5(都看作 x_5 的多项式),余式为

$$R_5 = u_1 u_2 u_4 x_4 - u_3^2 u_4 x_4 - u_2^2 u_4 x_4 +$$
$$u_1 u_3 x_3 x_4 - u_1 u_2 u_3 x_3 - u_1 u_3 u_4 x_3 +$$
$$u_2 u_3 u_4 x_3 + u_2^2 u_4^2 - u_1 u_2 u_4^2 +$$
$$u_1 u_3^2 u_4$$

把 R_5 除以 f_4(都看作 x_4 的多项式),余式为

$$R_4 = (u_2 u_3 - u_1 u_3) x_3^2 + (2u_1 u_2^2 -$$
$$u_1^2 u_2 - u_2^2 + u_1 u_3^2 - u_2 u_3^2) x_3 +$$
$$u_2 u_3 u_4^2 - u_1 u_3 u_4^2 - u_1 u_2 u_3 u_4 + u_1^2 u_3 u_4$$

把 R_4 除以 f_3(都看作 x_3 的多项式),余式为

$$R_3 = (2u_2 u_3 x_3 - 2u_1 u_3 x_3) x_2 +$$
$$(2u_2 u_3 u_4 - 2u_1 u_3 u_4) x_1 +$$

$$2u_1u_2^2x_3 - u_1^2u_2x_3 - u_2^3x_3 +$$
$$u_1u_3^2x_3 - u_2u_3^2x_3 -$$
$$u_1u_2u_3u_4 + u_1^2u_3u_4$$

把 R_3 除以 f_2(都看作 x_2 的多项式),余式为

$$R_2 = (2u_1u_2x_3 - 2u_2^2x_3 + 2u_2u_3u_4 - 2u_1u_3u_4)x_1 +$$
$$u_1u_2^2x_3 - u_1^2u_2x_3 - u_1u_2u_3u_4 + u_1^2u_3u_4$$

再把 R_2 除以 f_1,余式为 0.

考察过程中所需的条件,都能成立.因此命题得证.

因例 7 比较复杂,是借助于电子计算机而得到解决的.

通过上面的一些例子,可以看到机器证法的大致情况.这些例子,有的十分简单,用人工就可解决,有的略为复杂,由机器帮助解决.这些例子的机器证法,虽然看起来反而比传统证法更为复杂,但是如前所述,机器证法是按一定的步骤进行的,不像传统证法没有一定的规律可循,对于每一个不同的问题都要另费一番思考.

机器证法有一定的步骤,不怕复杂,所以可以用机器证法解决许多难题.这些难题,用传统的综合方法来证,因为不易找到思路,所以十分困难.

例如,有一个著名难题,叫作 Morley 定理,是说任意 $\triangle ABC$ 中,一个角的一条三等分线,与和它相邻的角的三等分线相交,像这样所得的交点 P,Q,R 是一个正三角形的三个顶点(图 23).

用传统方法证明 Morley 定理,非常艰难.用机器方法证明 Morley 定理,跟证明其他定理一样,有一定的步骤,只要按步骤进行就可以了.

进一步的研究表明,任意三角形中,一个角的三等分线,与和它相邻的角的三等分线相交,按一定的规则选取交点,共可组成 27 个三角形,在这 27 个三角形

中，一定有 18 个三角形是正三角形.①

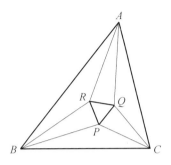

图 23

用机器方法同样容易证明这个更一般的 Morley

---

① 　27 个三角形的组成如下.

设三角形的三边为 l_1, l_2, l_3. 用 $\angle(l_1, l_2)$ 表示 l_1, l_2 所成的角（要考虑旋转方向），我们规定能使 $3\angle(t, l_1)$ 等于 $\angle(l_2, l_1)$，或等于 $\angle(l_2, l_1) + 180°$，或等于 $\angle(l_2, l_1) + 360°$ 的 t 为这个角的主三等分线. 这样的主三等分线有三条.

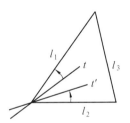

对于每一条主三等分线 t，有一条相应的能使 $\angle(l_2, t') = \angle(t, l_1)$ 的副三等分线 t'.

$\angle(l_1, l_2)$ 的任一条主三等分线，与 $\angle(l_2, l_3)$ 的任一条主三等分线的相应副三等分线相交，得一交点，$\angle(l_2, l_3)$ 的这条主三等分线与 $\angle(l_3, l_1)$ 的任一条主三等分线的相应副三等分线相交，得一交点，$\angle(l_3, l_1)$ 的这条主三等分线与 $\angle(l_1, l_2)$ 的所取的主三等分线相应的副三等分线相交，得一交点. 三个交点组成一个三角形. 这样共组成 27 个三角形.

定理. 在证明过程中,不止一次出现了关于 12 个变量的含有一千多项(有的有 1 960 项) 的多项式. 像这样的问题,不用机器而用人工处理,当然是非常困难的.

回到前面的古老问题

说明了机器证法的大致情况并举了一些例子以后,我们再回到第 1 章所说的古老问题:

求证:两条内分角线相等的三角形是等腰三角形,看看怎样用机器证法来证明这个命题.

但是,对于这个古老问题来说,上面所说的方法还不够用,需要另外想一些办法.

这是因为,上面所说的方法,适用于能把命题的题设部分和结论部分都化为等式的情况,而不能用于化为不等式的情况.

在这个古老问题中,按照第 4 章"8. 点在分角线上"所列的等式,只能确定一点是在 $\triangle CAB$ 的 $\angle CAB$ 的分角线上(图24),而不能确定究竟是在内分角线上还是在外分角线上. 但这个古老问题是要证明两条内分角线相等的三角形是等腰三角形,而对于两条外分角线相等的三角形来说,情况就大不一样(见下一章). 因此,在这个古老问题中,一点究竟在内分角线上,还是在外分角线上,有着决定性的重要关系.但是这一点却不能单独用第4章"8.点在分角线上"所列的等式来表示,而需要另外添加一个不等式.

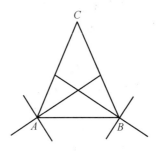

图 24

  幸好,在这个古老问题中,所要添加的不等式是在题设部分,而不是在结论部分.这样,上面所说的机器证法只要稍加改进,就仍然能够适用.如果一个命题,在它的结论部分需要用不等式来表示,那么上面所说的机器证法就无能为力了.这就是说,上面所说的机器证法,不能适用于结论部分需要用不等式来表示的命题(也就是涉及希尔伯特(Hilbert)公理体系中有关次序公理的问题).例如,上面所说的机器证法,不能用来证明像下面这类的命题:"三角形两边之和大于第三边""在一个三角形中,大角所对的边也大",等等.

  现在我们来看怎样改进一下上面所说的机器证明方法,可以用来证明这个古老问题.

  如图25,取 AB 的中点为原点,AB 所在直线为横轴,且以 AB 的长度的一半为单位长度.则 A,B 的坐标分别为 $A(-1,0),B(1,0)$.

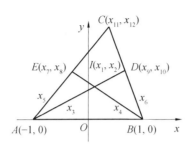

图 25

设分角线 AD 与 BE 相交于 I,并设 I 的坐标为 (x_1, x_2).设两条分角线 AD,BE 的斜率分别为 x_3,x_4,$\triangle ABC$ 的两边 AC,BC 的斜率分别为 x_5,x_6,点 E 的坐标为 (x_7, x_8),点 D 的坐标为 (x_9, x_{10}),点 C 的坐标为 (x_{11}, x_{12}).

由 AI 的斜率为 x_3,可得
$$x_3 + x_1 x_3 - x_2 = 0 \tag{1}$$
由 BI 的斜率为 x_4,可得
$$x_1 x_4 - x_4 - x_2 = 0 \tag{2}$$
由 AB 旋转到 AI 所成的角等于 AI 旋转到 AC 所成的角,可得
$$x_5 - x_3^2 x_5 - 2x_3 = 0 \tag{3}$$
由 BA 旋转到 BI 所成的角等于 BI 旋转到 BC 所成的角,可得
$$x_6 - x_4^2 x_6 - 2x_4 = 0 \tag{4}$$
由 AE 和 AC 的斜率都等于 x_5,可得
$$x_8 - x_5 x_7 - x_5 = 0 \tag{5}$$
$$x_{12} - x_5 x_{11} - x_5 = 0 \tag{6}$$
由 BD 和 BC 的斜率都等于 x_6,可得

$$x_{10} - x_6 x_9 + x_6 = 0 \qquad (7)$$

$$x_{12} - x_6 x_{11} + x_6 = 0 \qquad (8)$$

由 A, I, D 共线,可得

$$x_{10} + x_1 x_{10} - x_2 x_9 - x_2 = 0 \qquad (9)$$

由 B, I, E 共线,可得

$$x_8 - x_1 x_8 + x_2 x_7 - x_2 = 0 \qquad (10)$$

此外,又由分角线 AD 与 BE 相等,可得

$$x_{10}^2 + x_9^2 + 2x_9 - x_8^2 - x_7^2 + 2x_7 = 0 \qquad (11)$$

上面所列的等式(3)(4),只能表示 D 在 $\angle CAB$ 的分角线上,E 在 $\angle CBA$ 的分角线上,而不能表示 AD,BE 究竟是内分角线还是外分角线.

为了表示 AD,BE 都是内分角线,我们添设两个条件:

1. AD 和 BE 的斜率的符号相反,这说明 AD 和 BE 同是内分角线或同是外分角线;

2. AD 和 BE 的交点 I 与点 C 在 AB 的同侧.

这两个条件合起来就可确定分角线 AD 和 BE 同是内分角线.

条件 1 用式子表示就是

$$x_3 x_4 < 0$$

为了用等式而不是用不等式来表示这个条件,我们可以设一个实数 u,而把上面的不等式写成下面的等式

$$x_3 x_4 = -u^2 \qquad (12)$$

条件 2 可以表示为

$$x_2 x_{12} > 0 \qquad (13)$$

本题的结论部分原来应是 $AC = BC$,但是,为了简便,可以用"I 在纵轴上"来代替.这是因为,若 I 在 AB 的中垂线上,则 $IA = IB$,$\angle IAB = \angle IBA$,即可得

$\angle CAB = \angle CBA$，从而 $AC = BC$. 因此，结论部分可以表示为

$$x_1 = 0 \qquad\qquad (14)$$

我们先把条件（13）暂且不管，留作以后讨论时用，而把式（1）～（12）三角化如下（利用机器）.

$$f_1 = -u^4 x_1 (1 - x_1^2)^4 \cdot f_0 = 0$$

其中

$$f_0 = (u^2 - 1)^2 (u^2 - 2)(1 - x_1^2) - 4$$

$$f_2 = x_2^2 - u^2 + u^2 x_1^2 = 0$$

$$f_3 = x_3 + x_1 x_3 - x_2 = 0$$

$$f_4 = x_1 x_4 - x_4 - x_2 = 0$$

$$f_5 = (1 + x_1)\big[(1 + x_1 - u^2 + u^2 x_1) \cdot x_5 - 2x_2\big] = 0$$

$$f_6 = x_1^2 x_6 - 2x_1 x_6 + x_6 - u^2 x_6 +$$
$$u^2 x_1^2 x_6 - 2x_1 x_2 + 2x_2 = 0$$

$$f_7 = 3x_2 x_7 - x_1^2 x_2 x_7 + x_2 - 3x_1^2 x_2 + 2x_1 x_2 x_7 -$$
$$u^2 x_2 x_7 + u^2 x_1^2 x_2 x_7 - 2x_1 x_2 + u^2 x_2 -$$
$$u^2 x_1^2 x_2 = 0$$

$$f_8 = x_8 - x_7 x_5 - x_5 = 0$$

$$f_9 = x_1^2 x_2 x_9 - 3x_2 x_9 - 3x_1^2 x_2 + x_2 + 2x_1 x_2 x_9 + u^2 x_2 x_9 -$$
$$u^2 x_1^2 x_2 x_9 + 2x_1 x_2 + u^2 x_2 - u^2 x_1^2 x_2 = 0$$

$$f_{10} = x_{10} - x_9 x_6 + x_6 = 0$$

$$f_{11} = x_2 (1 - x_1^2)\big[x_{11}(1 - u^2) - x_1(1 + u^2)\big] = 0$$

$$f_{12} = x_{12} - x_5(x_{11} + 1) = 0$$

下面我们实际上不必继续进行，因为在 f_1 中已经含有因式 x_1，而 $f_1 = 0$. 如果我们能够利用这些题设条件，加上题设条件（13），证明 f_1 中的其他因式都不等于零，那么就能得出 $x_1 = 0$.

在 f_1 中，有因式 $-u^4$，x_1，$(1 - x_1^2)^4$，以及 $f_0 =$

$(u^2-1)^2(u^2-2)(1-x_1^2)-4.$

我们来考察除了 x_1 以外的其他因式能否为零,如果除了 x_1 以外的其他因式都不能为零,那么由 $f_1=0$ 就可推出我们希望得到的 $x_1=0$。

由(12),$x_3x_4=-u^2$,而 x_3,x_4 分别是分角线 AD 和 BE 的斜率(图 25),所以 $x_3x_4\neq0$,因而 $u\neq0$。

又在图 25 中,x_1 表示两条分角线 AD 和 BE 的交点 I 的横坐标,所以 $x_1\neq-1$,$x_1\neq+1$,否则 $\angle CAB$ 或 $\angle ABC$ 就将成为 $180°$ 而不能构成 $\triangle ABC$。从而可得 $1-x_1^2\neq0$。

由 $f_2=0$,可得 $1-x_1^2=\dfrac{x_2^2}{u^2}$,因此 $1-x_1^2>0$。

由 $f_5=0$,因 $1+x_1\neq0$,可得

$$x_5=\frac{2x_2}{1+x_1-u^2+u^2x_1}$$

又由 $f_{11}=0$,因 $x_2\neq0$(x_2 是分角线 AD 与 BE 的交点 I 的纵坐标),$1-x_1^2\neq0$,可得

$$x_{11}=\frac{x_1(1+u^2)}{1-u^2}$$

代入 $f_{12}=0$,即得 $x_{12}=\dfrac{2x_2}{1-u^2}$,从而可得 $x_2x_{12}=\dfrac{2x_2^2}{1-u^2}$。

但由条件(13),$x_2x_{12}>0$,于是可得 $1-u^2>0$,即 $u^2<1$。

综上所述,在条件(12)(13)成立的情况下,即在 AD,BE 都是内分角线的情况下,f_1 中的除了 x_1 以外的其他因式 $-u^4\neq0$,$(1-x_1^2)^4\neq0$,且

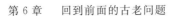

$$f_0 = (u^2 - 1)^2 (u^2 - 2)(1 - x_1^2) - 4 < 0$$
$$((u^2 - 1)^2 > 0, 1 - x_1^2 > 0,$$
$$u^2 - 2 < 1 - 2 < 0)$$

即恒为负值而 $f_0 \neq 0$，因此由 $f_1 = 0$ 可以得到 $x_1 = 0$.

这样就证明了我们所要证明的古老问题：两条内分角线相等的三角形是等腰三角形．

"两条外分角线相等的三角形是等腰三角形",这个猜想成立吗?

第 7 章

第 1 章证明了古老问题:两条内分角线相等的三角形是等腰三角形.

由此很容易引起我们产生下面的猜想:"两条外分角线相等的三角形是等腰三角形".这个猜想能不能成立呢?

举一个反例①,就可证明这个猜想不能成立!

设在图 26 的 $\triangle ABC$ 中,$\angle A = 132°$,$\angle B = 12°$,$\angle C = 36°$.外角 $\angle CAF$ 的分角线 AD 与对边 BC 交于 D,外角 $\angle ABG$ 的分角线 BE 与对边 AC 交于 E.那么

$$\angle CAD = \frac{1}{2}(180° - 132°) = 24°$$

$$\angle ACD = 180° - 36° = 144°$$

所以

$$\angle D = 12°$$

① 见《数学通报》1983 年 1 月号问题及解答.

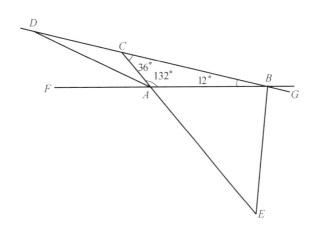

图 26

又

$$\angle ABE = \frac{1}{2}(180° - 12°) = 84°$$

$$\angle BAE = 180° - 132° = 48°$$

所以

$$\angle E = 48°$$

因此

$$AD = AB, AB = BE$$

就是说,$\triangle ABC$ 的两条外分角线 AD 和 BE 相等,
而 $\triangle ABC$ 并不是等腰三角形.

再从更一般的情况来做直观的考察.

设 $\triangle ABC$ 的边 AB 固定,边 BC 所在的射线也固
定($\angle ABC$ 是小于 $60°$ 的一个定角 α),如图 27.但点 C
的位置并不固定,可以在这条射线上移动,我们研究点
C 在这条射线上移动时所产生的情况.BC 所在的射线
既已固定,那么外角 $\angle ABG$ 的分角线 BE(直线)也就

47

确定了.

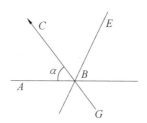

图 27

如果点 C 接近点 B,如图 28 中的 C_1,那么外分角线 BE_1 接近于零,而外分角线 AD_1 接近于 AD_0,D_0 是从 A 所作 AB 的垂线与 BC 的交点. 因此,在这种情况下,$AD_1 > BE_1$. 设过 A 所作 BE 的平行线与 BC 交于 H,那么当点 C 接近于点 H 时,如图中的 C_2,外分角线 BE_2 无限增大(图中有歪曲),而外分角线 AD_2 接近于 AK,K 是外角 $\angle HAF$ 的分角线与 BC 的交点.

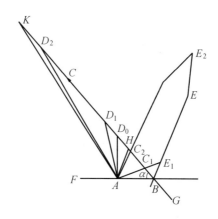

图 28

48

因 $\angle KAF = \frac{1}{2}\angle HAF = \frac{1}{2}\left[\alpha + \frac{1}{2}(180° - \alpha)\right] = 45° + \frac{\alpha}{4} \neq \alpha$(因 $\alpha \neq 60°$),所以 AK 不平行于 BC,因而 AD_2 是有限值. 因此,在这种情况下,$AD_2 < BE_2$.

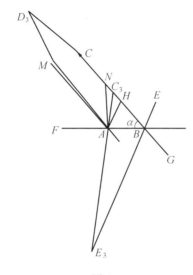

图 29

由此可见,点 C 从 B 到 H 连续运动时,由 $AD_1 > BE_1$ 连续变化到 $AD_2 < BE_2$,中间应至少有一处能使 $AD = BE$.

点 C 超过 H 而接近于 H 时,如前所说,仍有 $AD_2 < BE_2$. 如图 29,作 $AM /\!/ BC$,且作 AF 对于 AM 的对称线 AN,交 BC 于 N. 因 $\angle FAN = 2\alpha$,$\angle FAH = 180° - \alpha$,且 $\alpha < 60°$,故 $\angle FAN < \angle FAH$. 就是说,点 N 与点 B 在点 H 的异侧. 当点 C 接近点 N 时,图中的 C_3,AC_3 就不与 AH 接近,外分角线 BE_3 是有限值. 而 $\angle C_3AF$ 的分角线

接近于 AM,因而外分角线 AD_3 无限增大(图中有歪曲).因此,在这种情况下,$AD_3 > BE_3$.

由此可见,点 C 从 H 到 N 连续运动时,由 $AD_2 < BE_2$ 连续变化到 $AD_3 > BE_3$,中间应至少有一处能使 $AD = BE$.

综上所述,在边 AB 固定且 $\angle ABC$ 固定(小于 $60°$)的前提下,至少有两个点 C(一个在 B,H 之间,一个在 H,N 之间)能使 $\triangle ABC$ 的外分角线 AD 与 BE 相等,而不是只有唯一的一个点 C(AB 的中垂线与 BC 的交点).由此得出结论,两条外分角线相等的三角形不一定是等腰三角形.这就说明我们原来的猜想"两条外分角线相等的三角形是等腰三角形"不能成立.

从我们的机器证明来看,上一章关于两条内分角线所列的式(1)~(12)以及由此推出的 $f_1 = 0$,$f_2 = 0$,$\cdots$,$f_{12} = 0$ 等式都能适用于本章关于两条外分角线的情况,所不同的只是要把原来的式(13)改为

$$x_2 x_{12} < 0 \qquad (13')$$

于是,由 $x_2 x_{12} = \dfrac{2x_2^2}{1-u^2}$,可得 $\dfrac{2x_2^2}{1-u^2} < 0$,即 $u^2 > 1$.因而 f_1 中的因式 $f_0 = (u^2-1)^2(u^2-2)(1-x_1^2) - 4$(其中 $1-x_1^2 = \dfrac{x_2^2}{u^2} > 0$)就不一定恒为负值,而可能为 0.这时,由 $f_1 = 0$ 就不能推出 x_1 一定为 0,就是说,$\triangle ABC$ 不一定是等腰三角形.

由于 $1-x_1^2 = \dfrac{x_2^2}{u^2}$,即 $u^2 = \dfrac{x_2^2}{1-x_1^2}$,所以

$$f_0 = (u^2-1)^2(u^2-2)(1-x_1^2) - 4 = 0$$

可以改写为

$$x_2^6 - 4x_2^4(1-x_1^2) + 5x_2^2(1-x_1^2)^2 -$$

$$2(1-x_1^2)^3 - 4(1-x_1^2)^2 = 0 \quad (x_1^2 < 1)$$

我们知道(x_1,x_2)是分角线AD与BE的交点I的
坐标. 当点I的坐标满足上述方程时,点I在某一个轨
迹上. 因此,从$f_1 = -u^4 x_1 (1-x_1^2)^4 f_0 = 0$,可以得出:
或者$x_1 = 0$,即$\triangle ABC$为等腰三角形;或者$f_0 = 0$,即分
角线AD与BE的交点$I(x_1,x_2)$在上述方程所表示的
轨迹上.

这就说明了,以 AB 为一边,可以有无数个
$\triangle ABC$,其中$AC \neq BC$,而外分角线AD等于外分角线
BE. 这些三角形中,外分角线AD与BE的交点I的轨
迹是一个近似于椭圆的图形(图30),与过A且垂直于
AB 的直线相切,又与过 B 且垂直于 AB 的直线相切,
它的最高点与 A,B 两点恰好组成一个正三角形. 按通
常理解的三角形来说,这个轨迹要除去 A,B 两点以及
AB 的中垂线与轨迹相交的两点.

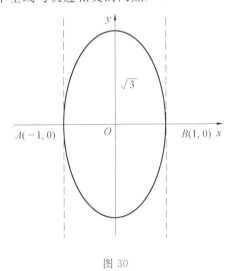

图 30

51

再说一下一条内分角线与一条外分角线相等的三
角形.研究结果表明,这样的三角形也不一定是等腰三
角形.与两条外分角线相等的三角形的情况相仿,也有
下面的情况:以 AB 为一边,可以有无数个 $\triangle ABC$,其
中 $AC \neq BC$,而内分角线 AD 等于外分角线 BE(或外
分角线 AD 等于内分角线 BE).这些三角形中,AD 与
BE 的交点 $I(x_1, x_2)$ 的轨迹是一个近似于椭圆的图
形,如图 31 中的右图(或左图),它的方程是

$$x_2^6 + 4x_2^4(x_1^2 - 1) + 5x_2^2(x_1^2 - 1)^2 +$$
$$2(x_1^2 - 1)^3 - 4(x_1^2 - 1)^2 = 0$$
$$x > 1 (或\ x < -1)$$

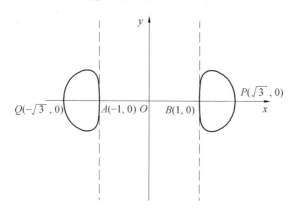

图 31

这个图形,与过 B 及过 P 且垂直于 AB 的直线相切于 B
及 P(或与过 A 及过 Q 且垂直于 AB 的直线相切于 A
及 Q),其中 P(或 Q)是在 AB(或 BA)的延长线上且与
AB 的中点相距 $\dfrac{\sqrt{3}}{2} AB$ 的点.按通常理解的三角形来
说,轨迹上也应除去一些特殊的点.

通过上面所说,不难看到机器证明具有一定的优越性.本书只能介绍一些大意和具体问题,不能过多谈到理论性问题.

大智为师 —— 吴文俊先生 访谈录[①]

附录

吴文俊先生(1919—2017),著名数学家,中国科学院院士,在拓扑学、中国数学史、数学机械化等学术领域成就卓著.吴先生1940年毕业于上海交通大学,1949年获得法国斯特拉斯堡大学博士学位,1951年回国任北京大学教授,1952年到新成立的中国科学院数学研究所任研究员,1956年获中国科学院科学奖金(自然科学部分)一等奖,1957年被增选为中国科学院学部委员(今称院士).

① 作者简介:吴文俊,1919年生,中国科学院数学与系统科学研究院研究员;张志辉,理学博士,中国科学技术大学科技史与科技考古系副教授;孙洪庆,中国科学技术大学科技史与科技考古系博士生;王高峰,中国科学技术大学科技史与科技考古系硕士生.本文入选了中国科学技术大学校级重点项目"中国科学技术大学口述历史"的基金项目.

吴文俊教授在中国科学技术大学接受采访
（2007年6月，丁星摄影）

1958年中国科学院创办中国科学技术大学（下文简称科大），为"两弹一星"培养尖端科学技术人才. 根据"全院办校，所系结合"的方针，承担了京区的一些研究所13个系的创建和教学工作. 其中，数学研究所所长华罗庚先生担任应用数学和计算技术系主任，吴文俊先生到学校为1958级力学与力学工程系的学生教授数学课程，之后他承担了应用数学和计算技术系的教学工作. 创办之初的科大数学教育采取"一条龙"的教学方法，即由华罗庚、关肇直和吴文俊分别负责一个年级的专业课程，他们被尊称为"华龙"、"关龙"、"吴龙". 吴院士全面负责该系1960级应用数学和计算技术系学生的数学教育，为中国的科学事业培养出一批优秀的人才.

1964年，吴文俊被派到安徽省六安地区的农村，后来吴院士回到北京. 1966年，由于一些历史原因，他被迫中断了在科大的教学工作. 1969年冬，科大执行有关高校撤离北京的指示，下迁到安徽省合肥市，吴文俊失去了与学校的联系. 1977年之后，科大采取一系列创新发展的措施而名声鹊起. 1978年吴文俊兼任数学系副主任.[①] 自此以后,吴院士多次应邀来科大讲学,与师生结下了不解之缘.

2007 年 6 月 5 日,88 岁高龄的吴先生再次应邀来到科大,为全校师生作了一场大型学术报告会,并与数学系的师生进行了亲切的座谈和交流.吴院士在访问科大期间欣然接受了笔者的访谈,本文是根据访谈录音整理,并经吴院士亲自校阅而成.

访谈时间:2007 年 6 月 5 日上午.

访谈地点:中国科学技术大学专家楼.

一、早年学习和教学经历

问:吴院士您好,非常荣幸您能接受我们的访谈.今天我们想与您谈一谈您和科大的情缘,以及您在科大工作的一些往事.首先让我们从您早年的学习和教学经历谈起.请您回忆一下,有哪几位老师对您走上数学研究道路有过重大的影响?

吴文俊(以下简称"吴"):关于对我一生数学研究有影响的老师,第一位是我初中二年级的几何老师[②].因为当时我离开了学校到乡下去,回来后一上课,几何都开始讲圆了.我前面的课程都没听,所以听不懂,干脆不听了,就看小说,结果到期末考试的时候就得了 0分.暑假的时候,这位几何老师给我们补习.他很严格,经常叫学生"吊黑板",他出题目让你证明.我当时有许多错误,老师就指出来到底错在哪里.这样一来,我对几何上的认识、思考和方法就学到了,那是关键的一个

---

① 中国科学技术大学档案馆 1978－WS－C－38.
② 1931 至 1932 年,吴文俊在上海民智中学读书.

暑期.这个老师姓什么我都忘了,真遗憾啊,这是第一位使我走上数学道路的老师.

第二位老师是在高中一年级,有位老师也教几何[①].他是福建人,讲话学生听不太懂,而且他讲得也一般,所以不受学生的欢迎.可是这位几何老师,他在课外给了我许许多多难题让我做.经过这样的训练,几何的难题我做起来就很熟练,一看题我就知道怎么做了.现在不行了,拿一道中学考试的题给我做,我做不来(笑).中学时期在数学方面对我有影响的,应该是这两位老师,都是几何方面的,让我打下了很坚实的基础,而且有一些证题的能力都在那时得到了训练.

到了大学,我想对我有影响的应该是大学一年级的老师胡敦复[②],他是系主任.他讲课不慌不忙,但讲得非常清楚.一年级的微积分经过他的讲授,我打下了一个很好的基础.到了大学二年级,因为上海交通大学(以下简称交大)是工科学校,侧重于工科方面的应用数学,所以大学二年级我对数学没兴趣了,不想学数学.到了大学三年级情况就变了.大学三年级有一位老师叫武崇林[③],他的一些课程讲得非常清楚,改变了我对数学的态度.他讲的数学基础课程,对我非常有吸引力,还有高等代数、高等几何、群论、数论、微积分、实变函数论……受了他的教育以后,我就开始下功夫,从

---

① 　1933 年,吴文俊在上海正始中学读高中.

② 　胡敦复(1886—1978),江苏无锡人,中国数学家、教育家.1909年毕业于美国康奈尔大学,获理学士学位.1928 年获得美国荣誉博士学位.1930 至 1945 年任上海交通大学数学系主任.

③ 　武崇林(1900—1953),字孟群,安徽凤阳人,毕业于北京大学数学系,曾任上海交通大学数学系主任.

此我就对数学产生了兴趣,特别是实变函数论.我受了课程的影响,从实变函数论走向点集拓扑,再后来走向组合拓扑(代数拓扑),这是决定性因素.武崇林老师使我从对数学不感兴趣变成非常有兴趣,而且他也特别地对我另眼相看.他经常借书给我,他家里的藏书很多,都是从各个地方搜集到的.我记得有一本是印度出版的《代数几何》,我想这本书恐怕别的地方不会有,不知道他是怎么弄来的,专门借给我看.我受他的影响是非常关键的,他经常借一些外面借不到的私人藏书给我看,一直到大学毕业以后,我还经常到他家里去.

问:刚才谈到的武崇林老师对您非常关爱,那么是不是他已经发现了您在数学方面有非常好的天赋,能够培养成很好的人才?

吴:也有可能,我不知道他为什么对我特别感兴趣.抗战时期,交大迁到内地去,还有一部分人留在上海,他想要把我弄到交大去当助教,不过没成.抗战胜利以后,他一直就跟交大讲,要把我弄去当助教,也没成.在抗战时期没成,那么到抗战后也没成(笑).这几位老师,初中的一位,高中的一位,还有大学的一位,这三个人对我的成长特别有影响,我非常感谢他们.

问:您大学毕业之后,在两所中学里当过教员,并且在上海临时大学当过教员.

吴:那是抗战时期,要谋生,家里面光靠我父亲养活不了一家人,我也要找一些工作.当时班上的同学就帮我介绍到一个初中去讲一年级的代数①.由于太平

---

① 1940年吴文俊从交大数学系毕业后,经人介绍到育英中学任教.

洋战争爆发,第一所学校停办了,后来介绍我到另外一所学校①,直到抗战胜利.每一所学校教的都是初中一、二年级,光是教书拿不到多少钱,所以我又兼职一个教务员的工作.每天一早跑去点名,看学生自习课是不是到了,一个教务员要坐在那里,从早到晚直到下班.所以那个时候数学研究谈不上,没有时间.晚上也不行,因为家里住得很局促.我父亲也是一大早就要上班,晚上很早就要睡.那个时候都挤在一个屋子里,所以我晚上也睡得早,根本没时间.因此不但没有学习什么数学,而且把原来学的数学全部忘光了.

这是我大学毕业以后抗战时期的几年,到后来日本差不多快投降了.那个时候我在中学里面,当然没时间搞数学,可是相处很愉快,都是教师,几个人挤在一间小屋子里,大家谈话也都很随便.后来才知道校长是地下党员,用办学校作掩护.他好像有意想把我吸引到这方面,所以借给我一些书.我记得印象最深的是《西行漫记》,许多共产党的知识是从这里了解的.后来他带我参加了一些活动,他显然是想把我吸收到这个里面.但我不懂,觉得这个校长很好,就跟着他走.后来抗战胜利了,交大从重庆搬回来成立一家临时大学,有一个朋友帮助我当了这家临时大学的助教②.这样一来就有时间了,因为当助教不需要花多少时间,我可以重新复习已经忘掉的数学知识,这是很关键的.还有另外

---

① 1941 年 12 月 7 日,"珍珠港"事件爆发,不久日军进入上海租界,许多学校停办.1942 年夏,吴文俊到培真学校任教,并兼任教务员.校长叶克平为中共地下党员.

② 1945 年末,吴文俊到上海临时大学任郑太朴教授的助教.

一个影响,本来我跟中学的校长不是参加什么活动吗,就也不想干了.我又可以搞数学了,我马上就回到数学上面了.

问:那些时候您忘掉了很多数学知识,是因为生活中遇到的各种困难吗?

吴:是的,我对数学的爱好,在交大经过武崇林老师的培养,已经扎下了根,只是因为客观条件我没有办法,一有机会的话,我马上就回来了,重新研究数学.大概就是这样的.

问:您后来又留学法国,考的是中法留学交换生?

吴:是这样的.抗战胜利了,教育部办了一个留学生的考试,其中有一项是跟法国政府建立中法交换生.法国派学生到中国来留学,他们学习的我想大概是中国的文学啊、历史啊,我不知道.中国到法国去的留学生,各行各业都有,一共好像招了40名中法交换生.我对这些东西都比较外行,教育部在报纸上登了,我也没注意.结果是我的一个同班同学,就是帮我到交大当助教的那个同学,他到我家里来告诉我这件事,劝我去参加考试.临时大学有一位教授叫郑太朴①,我给他当助教,他突然跑到我家里,也不知道他怎么知道我家住在什么地方,也劝我去参加这个留学生考试.我本来不知道,后来这两个人一劝说,我就去考了.因为我当助教当了一段时间,已经把忘了的东西都记起来了,所以我

---

① 郑太朴(1901—1949),上海人,名松堂,字贤宗,号太朴,数学家、翻译家和革命家.早年曾参加中国共产党.1922年赴德国哥廷根大学攻读数学和物理学.他回国后,先后于中山大学、同济大学、重庆交通大学任教,曾任同济大学理系主任、教务长、商务印书馆总编辑等职务.

数学考试就没有问题了,其他语文、英语我不清楚,反正是通过考试了.数学一共四个名额,我考了第一,所以就到法国去留学了.

后来,我的这个同学(赵孟养)想办法介绍我见到了陈省身①.陈省身在普林斯顿待了一段时间,在那里做了非常了不起的工作,成为全世界有名的数学家.他回来了以后在上海创办了一间数学研究所.我的那个同学介绍我去见了陈先生,他就把我引荐到研究所里,当时叫作实习研究员,实际上是当他的研究生.他不仅把我介绍进去,而且还请数学系出名的几所大学,每个学校送一位年轻有为的学生到他那里,一共大概有五六个研究生,跟陈先生学拓扑,我就是在这个时候真正走上了研究道路.但是因为我考取了留法交换生,我见陈先生的时候还不知道,我考过就忘掉了.到第二年公布,我考上了,教育部把这些考上的人接到南京去,然后准备到法国,我就这样离开了陈先生.大概经历就是这样子.

问:您 1951 年回国后先到北京大学当了教授?

吴:先到北京大学,教了一年,那时教得很糟糕(笑),教书跟研究是两回事.

问:当时是教什么课?

吴:教微分几何.微分几何本来我就是外行,因为我在陈先生那里和留学的时候学的都是拓扑,没有学

① 陈省身(1911—2004),浙江嘉兴人,微分几何学大师,1936 年获得德国汉堡大学博士学位,1943 年任美国普林斯顿高等研究所研究员,1946 年回国负责筹建数学研究所并任代理所长.1961 年当选美国科学院院士,1995 年当选中国科学院外籍院士,1984 年获得沃尔夫奖,2004 年获得邵逸夫奖.

微分几何.当时就临时找一本书讲,讲得一塌糊涂.

问:是给数学系的学生教课?

吴:给数学系的学生讲课,非常糟糕,很对不起那一班的学生.

问:但是我想,那一班的学生现在要回想起来,在大学期间能够聆听到您的讲课,应是件非常荣幸的事情.

吴:唉!就好像我在初中教课也是非常失败的.一直到现在我还不知道怎么教负负得正,我先这么教,后来发现不成.换一个教法,又不成.本来改了一下以为可以,到后来又不对,学生就乱算一气了,反正是教负负得正,一直是失败的.这是在北京大学之前在中学教书的情况.本来我对中学老师很有感情,对后来的中学校长也很有感情,我很乐意,可是我看我教书不行,这也是使得我决定回到数学研究而不走教学这条路的原因之一.

问:后来您就从北京大学调到中科院刚成立的数学研究所了?

吴:这个是1952年院系调整以后的事情了.

二、在中科大任教

问:1958年科大成立,当时是利用中国科学院的力量办一所培养尖端科技人才的新型大学.中国科学院采取"全院办校、所系结合"的办学方针.您当时在数学研究所工作,是如何到科大工作的?

吴:我一点都不知道,突然临时通知我,成立科技大学了,你到科大去教课.我毫无思想准备.

问:是谁通知您的?

吴:当然是所里面通知的,具体是谁我忘记了.

问:当时数学所里的几位先生,像华罗庚、关肇直也都到科大去教课.

吴:我想他们都是事先知道的,可是我不知道,是临时通知我去科大教书的.这个我对当时数学所的领导有意见,应该早点打个招呼,我对教微积分没什么经验,所以教得一塌糊涂(笑),应该早一些通知,至少有个思想准备.建立科技大学,这个我觉得是很好的.我大概后来才听说为什么要建立科技大学,因为科学院的年轻同志都是由各个学校送来的,比如说北京大学,把毕业的一些好的同志,送到科学院来当实习研究员,各个学校都送一些.可是后来发现,真正最好的人才学校都自己留下了,当然也不是把差的送来,也是好的,但不是最好的.科学院要解决年轻研究人才的来源,就自己创办了一所大学直接培养,因为科学院有师资力量,虽然不一定教过书,可能没有经验,但能力是有的.不管建立科技大学的动机怎样,这个做法是对的.对于研究人员来说,现在讲"教学相长",当然要抽出一部分时间来从事教学工作,对于自己的研究也是有益处的.对我本人来讲,科大教书的几年,我受到很大的益处,也是意想不到的益处.

问:创办之初的科大数学系采取"一条龙"的教学方法,就是您和华罗庚、关肇直每位先生负责一届学生.在科大校史上,建校之初的数学系有"华龙""关龙"和"吴龙"的说法,您能为我们解释一下这种独特的教学方法吗?

吴:这个"一条龙"是人家叫出来的,我也不知道是什么样子.反正不管什么样子,"华龙"是一条龙,

"关龙"是一条龙,我根本称不上是"龙".有一届由华罗庚负责,怎么教学、怎么安排教师,由他负责.我只是负责了一届.

问:这是不是教学的一种改革,一种创新,一种新的模式?

吴:我不太清楚,反正人家这么叫.我也不能称为"龙",反正有一班是由我负责.

问:大概有多长时间,负责到他们毕业?

吴:一直到毕业.是这样的,先是普通的课程,一年级、二年级.到三年级呢,搞专门化,这由我提出来,建议建立几何拓扑专门化,不是专门拓扑,不是拓扑专门化,是几何拓扑专门化.在建立专门化的过程中,要吸收一些同学到班上来,一班有一百多人,有时候更多.当时有规定,专门化的人不能多,因为着重是应用、联系实际方面,不能都搞纯粹数学.所以人不多,大概十来个人,三年级、四年级,甚至再到五年级,我记不得了.反正我负责这个专门化,由我挑选几个人,也不是完全由我挑,你不能将好的学生都挑走了,可以挑几个好的,余下的由学校安排.

问:听说科大非常注重基础课的教学?

吴:是的,我从来都觉得这是科大相当成功的地方.而且,科大的学生,我的印象是不太搞政治活动,埋头在书堆里面,朴实认真.给我的印象是这样的,那么我们当时也是把全部精力放在教学上.

问:当时的学风如何?

吴:学风好,所谓学风好就是埋头学习.

问:那时您有没有发现几个非常喜爱数学的学生?

吴:有好几个.有一个我特别欣赏的,叫王启明,后来在美国出车祸去世了,否则的话他应该是中国当代数学界的学术领导.还有几个也可以,学术都很好,我有个名单,因为他们每年都要来祝贺我生日(笑).我有他们的名单,而且记着他们现在在干什么.

问:您是如何发现王启明对数学有特别兴趣的?

吴:当时可能是讲高等微积分,我不记得了,应该是在二年级.我是根据一个德国人写的教材来讲的,因为我对德文比较在行.有一次,王启明跟我讲,说你讲的内容是不是根据那个德国人的书,我想这个学生了不起啊,他懂德文.因为我没讲过,他知道我讲的内容是根据什么来的,我大吃一惊.还有一次,在讲课的时候,王启明说我有一个地方讲错了,他指出来,我印象特别深刻.到后来专门化的时候,就把他请到班上来,讲几何拓扑.

问:您讲课用自己编写的教材吗?

吴:我当时讲课要有蓝本,不能自己编.华罗庚自己编了一套《微积分》来讲,关肇直也编一个教本,两个都印出来了.我没有教本,我讲课不成系统.他们有自己的看法,华罗庚和关肇直的教材都是不错的,也涉及中国传统数学的某些内容,像无理数、小数等.华罗庚和关肇直不约而同,都是从这方面入手的,讲小数,无穷小数可以代表任何实数,就从这里入手.先讲这个,相当于中国古代的内容,然后再到比较现代的西方的内容.他们两种教本都是这个样子.

问:您当时是用他们的教材来给学生上课?

吴:我没有用他们的教材,当时也不是很清楚他们的教材.

问:当时上课的场景是什么样子呢?

吴:是一百多人的课堂.

问:您在科大工作的几年中,除了教学之外,给您印象最深刻的事情有什么?

吴:好像也没什么其他的.反正那时候比较不稳定,一下子这样,一下子那样.科大的五年倒是稳定的,一直教下去,先教普通班,然后再办专门化.

问:您在 1956 年的时候获得了国家自然科学一等奖,那时候您非常年轻,37 岁,第二年被增选为学部委员.在您的科研兴趣非常浓厚,并且处于前沿领域的时候,您到科大来搞教学工作,这种教学与科研之间有没有冲突呢?

吴:也可以说有一些,但关系不大.

问:您在教书的时候还是全力投入教学工作的?

吴:那个时候还是相当投入的.刚开始没思想准备,在力学系开课,教得很糟糕,后来教数学系,那时还是比较不错的.有时讲得好,有时讲得不好,但是比较认真地教.

问:1958 年至 1959 年间,那时数学系的教学情况是怎样的?

吴:开始没有思想准备,因为我是搞拓扑的,我想当时搞数学的也没想什么联系实际,没意识到这个问题,所以受到思想冲击,一下子接受不了.可是稳定下来再认真思考,"数学联系实际"提得对,数学应该联系实际,不联系实际的数学是错误的,这是我后来想的.这个对我的影响,基本是正面的,我接受了这个思想,这也影响到后来的一系列工作.开始我不理解,不能说抵触,就是不知道怎么做.那时候我跑到酱油厂

去,还跑到中关村的电话局,基本上是乱来一气,这个做法不对.可是到后来,我确实接受了,联系实际就应该是真正地联系实际,这是对的.我现在变成数学联系实际的坚决拥护者,就是受这个思想的影响,不是一下子就认识到的.

问:您是什么时间停止在科大上课的?

吴:到 1965 年,我到了安徽六安,那个时候就离开了科大.

问:回来以后跟科大有没有什么联系?

吴:那个时候由于历史原因,回来后和科大就没有什么联系了.

问:后来科大就下迁了.

吴:唉,对啊,科大 1970 年就迁到合肥去了.

问:当时,您是如何知道科大要下迁的?

吴:科大下迁是在 1966 年至 1976 年期间,我知道,因为杨……一下说不出来了.

问:是杨承宗?

吴:杨承宗!他来告诉我,因为杨承宗在法国的时候,我们已经有交往了,有时候也联系.他跟我说,科大要下迁到合肥,他也没说什么原因.

问:您从科大离开后,是否还在其他大学讲过课?

吴:没有.没这精力,也没这可能.

问:您曾多次来科大讲学,应该说对科大有种特殊的感情.

吴:一方面是因为人家要找我,先是严济慈,他当校长,总是要找我,而且要把我留在科大,我不干(笑).我还是以研究为主,教育为次,兼职可以,要我撇开研究工作,这个我不干.严济慈是一定想要把我拉到科大来,科大要是在北京的话还可以考虑,在合肥就不可能了.恐怕他也想把华罗庚弄到科大,这个也不可能.

我也不喜欢行政工作,我对系主任,根本不……(笑).我现在什么行政工作也不管,我从来都不管的,当所长、副所长的时候我都不管的(笑).我不愿意当副所长,当就当了,结果走在路上一个年轻同志就找我,说他现在要房子,要我给他想办法.我说我不管这个事情,他说你不是副所长么?我说,这个副所长我也不想当,革掉最好了喽,本来我就不想当.真正当副所长,我还麻烦了,什么莫名其妙的事情都找上我了.我也不知道所长、副所长怎么当的,他们有这个本事,我没有这个本事.要我去分房子给他,我都不知道怎么弄.

我现在多数的职务都是带名誉性质的,都是名义上的,我也搞不清楚,我接了很多名誉的,这个是名誉的,那个也是名誉的,我都不管.学术上的事情我管,不是学术上的我不管,我对社会活动也根本没兴趣.我只管学术方面的,比如说科大找我来做个报告,那我可以考虑,你要来一个什么名堂,那我……(笑).

问:大家都对您的学识非常敬仰,您能推开这个行政方面的事情专心做研究,直到现在也是活跃在数学的前沿领域,也是大家非常敬仰的.

吴:我想应该是这样子.当然有人特别有能力,可以又是做行政又做学术,我没这个能力,我只好限于学术方面,行政我不敢过问.有能力,那当然是另外一回事.

三、中国传统数学与当代数学教育

问：还有一个问题，您对中国传统数学非常喜爱，也非常有研究，您觉得中国当代的大学数学教育，是否可以引进一些中国古代传统的数学方法？

吴：应该是这样的．这要靠教师，教师自己对这个有认识，那么可以在课程里面适当地讲一些，靠外界促动是不行的．

问：您认为传统数学的方法对当代数学还是有一些启发和帮助的吗？

吴：我是走极端的啦．我不是讲过嘛，影响数学进展的决定因素是中国的传统数学，而不是西方的欧几里得数学．我那个时候说过，现在还是这个样子．当然，现在这个思想国内不接受，国外也不接受，我想慢慢会接受的，也有迹象表明现在是得到某种程度的认识．我去年得了邵逸夫数学奖①，这不是钱多少的问题，是为什么给我的问题．评审委员会有五个人，其中有一个中国人，北大的张恭庆②，他当然支持我，但只有他一个人，可以想到他说话不会有太多分量．此外的四个人，

---

① "邵逸夫奖"是由香港著名的电影制作人邵逸夫于 2002 年 11 月创立的国际性奖项．设有数学奖、天文学奖、生命科学与医学奖三个奖项，颁发给在数学、医学及天文学方面有杰出成就的科学家，其形式模仿诺贝尔奖．首届颁奖在 2004 年举行，邵逸夫数学奖 2004 年颁发给陈省身，2005 年为安德鲁·怀尔斯（Andrew John Wiles），2006 年为吴文俊和大卫·曼福德（David Mumford）．

② 张恭庆（1936— ）上海人，北京大学教授，北京大学数学与应用数学重点实验室主任，1991 年当选为中国科学院院士，1994 年当选为第三世界科学院院士，1996 年至 1999 年任中国数学会理事长．

主席叫阿提亚[①],曾是英国皇家学会主席,获得过菲尔兹奖;一个是日本人,叫广中平佑[②],他也得过菲尔兹奖;另一个是俄罗斯人,叫诺维科夫[③],也是得过菲尔兹奖的,这都是了不起的人物.还有一个是美国的格利菲斯[④],他没得过菲尔兹奖,但他是美国普林斯顿高等研究院的院长,担任过美国总统的科学顾问.因为普林斯顿高等研究院每年都会吸引很多年轻人到那里去,格利菲斯对全世界数学的情况是了如指掌的,而且他掌握数学的发展形势,是这样的一个人.尽管他自己没得过菲尔兹奖,但他有许多很好的工作,是一个重量级的人物.这么几个人的评审委员会,评审结果是决定把这个邵逸夫奖给我和一个美国人,叫曼福德.评语是这样的,因为我们走的方向是不约而同地,本来是纯粹数学搞出成绩,我是搞拓扑学的,曼福德也是搞纯粹数学的,后来两个人都转向计算机了.不同的原因,但都跑到计算机领域,而且在计算机应用到数学方面都做出了某种成绩.他们最后一个评语说,我们两个人的工作,代表了未来数学的一种发展倾向,大意是这样.这说明,我的那些做法,用计算机来从事数学研究,这是有道理的,它代表了将来的数学发展.我刚才说钱多少没关系,这个评语使得我非常高兴,说明我用计算机来

---

① 阿提亚(M. F. Atiyah,1929—2019),曾任英国皇家学会主席,三一学院院长,牛顿研究所所长,1966 年获得菲尔兹奖.

② 广中平佑(H. Hironaka,1931—   ),日本数学家,1970 年获得菲尔兹奖.

③ 诺维科夫(S. P. Novikov,1938—   ),俄罗斯数学家,1970 年获得菲尔兹奖.

④ 格利菲斯(P. A. Griffiths,1938—   ),美国数学家,美国普林斯顿高等研究院院长.

搞纯粹数学,来搞数学,现在谈不上搞纯粹数学,是我应该继续做下去的事情.

问:这种思想是从传统数学来的?

吴:是从传统数学来的.计算机科学有一个大人物叫克努特[①],他说计算机科学说穿了就是算法的科学.中国的数学主要是算法,不是定理.什么定义、公理啦,中国根本没有,就是算法.按照克努特的意思,中国传统的数学是计算机的数学,因为中国传统的数学是算法的数学,我用计算机来搞数学,这是理所当然的了.邵逸夫奖说明了国外也有一定的认识,至少这些比较有代表性的人物有这个认识,我跟曼福德的这个做法代表了未来的发展方向.我想慢慢会得到支持的.

问:您对传统数学是大力推崇的.

吴:我觉得中国传统数学的算法是适合计算机的,这方面一定能压倒西方,这是不成问题的.这是我个人的认识,对不对,现在没法说.当然,西方也有它可取的地方,需要动脑筋,就好像我在初中、高中的学习训练.可是这不是正路,我不赞成这个,早晚要被中国的数学淘汰.这是我的预言,将来考验是对还是错,也许我已经死了(笑),我自己不知道,后来的人可以知道.

问:那您感觉中国当代的大学数学教育,应该有什么样的做法?

吴:当然应该能够符合这样一个趋势.不过,这个主要要求教师要有认知,强加给教师,这个做法我想效果不会很好.中国有不少人还是有一定的认识的,国外

---

① 克努特(D. E. Knuth,1938—   ),中文名叫高德纳,美国著名计算机科学家,是计算机算法和程序设计技术的先驱者.

也有这样的认识,我是去年获了奖才知道,跟计算机打交道的人当然对我有认识,这是自然的,但纯粹数学方面的人也有这个认识,这是我不敢想象的.这个是要慢慢来的,要有耐心,自然而然.

问:发扬传统数学的思想和方法,在当代大学数学教育中应该是一个非常重要的方面.

吴:我想,在国内有不少人是认识到这一点的,也不是全部,反对的人也多得很,可是有不少人是支持我的.这是可以想象的.

问:您是在一个偶然的机会接触到中国传统数学的?

吴:对,完全是外来因素促成的.我本来不知道,也不重视中国的传统数学,认为根本没有什么东西.后来是因为数学所的关肇直,他是我非常佩服的人,他提出来大家学学古代数学.当时有一种复古倾向,所以关肇直提出学中国古代数学是比较合理的.在当时的情况下,大家也没什么别的可看,我也就这样,先看看究竟怎么回事,一看原来是这样子.这是要下功夫的,要跑图书馆、旧书店,也是花了一段时间,才慢慢理解的.什么事情都是这样,不是随便想一想,一下不劳而获的,哪有这么容易,都要下苦功.

问:您当时接触到中国传统数学,最早接触的是哪个领域? 哪本著作?

吴:最早是看一些通俗的书,看古书是看不懂的.我记得当时一个是看李俨,另一个是看钱宝琮.特别是钱宝琮的《中国数学史》,他用一些现代的话,将中国传统数学做一些介绍,这些可以看懂,究竟中国传统数学都讲一些什么东西.可是,仅仅这样是不行的,我知道

讲了什么东西,根据这个必须再找原著,要找第一手材料.第一手材料刚开始看不懂,但我已经知道是怎么回事了,再来看第一手材料里面究竟是什么内容,怎么讲的.这也不是一朝一夕的,要下很大工夫.

　　结果在关键的地方,我发现了一个内容,就是中国古代量太阳的高,以地面作为水平面,测量太阳离开地面的高度.这在很早以前,就有一个漂亮的公式,叫"日高公式",还有"日高图",这个图的来历要到公元前 2 世纪,秦朝以前,也不知道怎么来的,笼笼统统的一些话,看不懂了.三国时代吴国的赵爽,写了几篇相当于是现在的短篇论文,有一篇是《日高图说》,解释太阳的高度公式是怎么计算的.这个《日高图说》,它是有图的,画在绢上,上面还是五颜六色的,用颜色标注.当然这个图已经走样了,留下来的也是残缺不全的,还有个说明也几乎没法读懂了.就是利用这个走样的图,然后根据赵爽的《日高图说》,一步一步就可以把它证明出来.这是关键的一步,这么一来,我就决定下功夫了.这个是有道理的,中国的数学可以啊,究竟有多少东西,这个就说明了问题.这么"漂亮"的一个公式,而且有证明啊,赵爽的这个《日高图说》,我一句一句对照,把它得出来.

　　《日高图说》有这么一个日高公式,怎么来的呢?那么有人要问,怎么证的呢?添一条平行线,这不是胡闹吗,中国哪来的平行线?中国历史上没有平行线的概念,怎么能随便画平行线呢?而且有的人甚至用 tangent(正切函数)证出来,说这个公式是对的,tangent 是哪个世纪才出现的?"日高公式"是在古代,公元前的秦汉初年的著作里出现的,哪里有

tangent 这个概念? 我曾提出几个原则,古代的数学应该以当时古代人掌握的知识来进行推演,不能用后来的东西.要有原则,不能乱来.这个"日高公式"的成功,就说明中国古代数学有它自己的内容,这是我决定性的一步.此后,我就继续钻研,这就简单了,下功夫就行了.当然,我下功夫也不是都下在这方面,只是一部分,因为我从来没有从这个角度来看问题.我喜欢几何,几何问题看得比较多,还有一些其他的,因为我也不是搞数学史的,我是业余爱好吧(笑).

问:您过谦了,我们先谈到这里,非常感谢您接受访谈!

吴:我乱说一气,想到哪,就说到哪.

进一步阅读的参考资料

［1］吴文俊.数学机械化［M］.北京:科学出版社,2003

［2］吴文俊.初等几何判定问题与机械化证明［J］.中国科学,1977,20(6):507-516.

［3］吴文俊.几何定理的机器证明［J］.自然杂志,1980(12):5-7.

［4］吴文俊.初等几何定理机器证明的基本原理［J］.系统科学与数学,1984(03):207-235.

［5］WU W J. Some recent advances in mechanical theorem proving of geometries［J］. Contemporary Mathematics,1984.

［6］吴文俊.几何定理机器证明的基本原理:初等几何部分.科学出版社,1984.

［7］WU W J. Toward mechanization of geometry—some comments on Hilbert's Grundlagen der Geometrie［J］. Acta Math. Scientia,1982(2):125-138.

［8］WU W J. Some remarks on mechanical theorem — proving in elementary geometry［J］. Acta Math. Scientia,1983(3):357-360.

[9] CHOU S C. Proving elementary geometry theorems using Wu's algorithm. Contemporary Mathematics,1984.